本书获得国家社会科学基金项目"基于经济空间结构的河流污染跨区域协同治理研究"（14CGL032）的资助

U0338345

基于经济空间结构的
河流污染跨地区协同治理研究

Trans-Regional Synergistic Governance of River Pollution
Based on Economic Spatial Structure

徐志伟 ◎ 著

经济管理出版社
ECONOMY & MANAGEMENT PUBLISHING HOUSE

图书在版编目（CIP）数据

基于经济空间结构的河流污染跨地区协同治理研究/徐志伟著 . —北京：经济管理出版社，2018.7

ISBN 978－7－5096－5896－3

Ⅰ.①基… Ⅱ.①徐… Ⅲ.①河流污染—污染防治—研究 Ⅳ.①X522

中国版本图书馆 CIP 数据核字（2018）第 161351 号

组稿编辑：杨雅琳
责任编辑：杨雅琳
责任印制：黄章平
责任校对：陈 颖

出版发行：经济管理出版社
　　　　　（北京市海淀区北蜂窝 8 号中雅大厦 A 座 11 层　100038）
网　　　址：www. E－mp. com. cn
电　　　话：（010）51915602
印　　　刷：三河市延风印装有限公司
经　　　销：新华书店
开　　　本：710mm×1000mm/16
印　　　张：14.5
字　　　数：252 千字
版　　　次：2018 年 8 月第 1 版　2018 年 8 月第 1 次印刷
书　　　号：ISBN 978－7－5096－5896－3
定　　　价：58.00 元

序　言

党的十八大报告将生态文明建设放在突出地位，与经济建设、政治建设、文化建设、社会建设一起构成了推进中国特色社会主义事业的"五位一体"总体布局。党的十九大报告将建设富强民主文明和谐美丽的社会主义现代化强国作为奋斗目标，进一步突出了生态文明建设在全面建成小康社会过程中的重要地位。

建设生态文明是中华民族永续发展的千年大计，党和国家多年来给予了高度重视。但长期以来，河流污染问题仍然是困扰中国"绿水青山"目标实现的痼疾之一。经过多年的努力，中国主要河流水质状况虽然总体上出现了一定程度的改善迹象，但所面临的水污染形势依然严峻，并具体表现为部分水系污染依然严重，中小河流和支流水质依然较差，跨界水污染事件仍旧频发。严重的河流污染不仅影响我国环境友好型社会建设，还易引发上下游地区对立，造成居民恐慌，危害社会安全稳定大局，已经成为当前亟须解决的关键问题。河流污染具有多地区（上游、下游）、多主体（政府、企业、居民）、多目标（控污染、保发展）的"三多特征"，任意单方的独立行动都无法从根本上解决问题，因此，进行协同治理尤显必要。

经济空间结构是河流污染协同治理过程中一个非常重要，而又经常被忽视的重要问题。经济空间结构是区域经济各种空间形态在一定地域范围内的组合方式。由于在地理位置、经济水平等方面存在的差异以及在商品、要素流动等方面产生的联系，区域间往往形成差异化的经济空间结构，并具体表现在区位中心及分布、经济水平及差距、经济互补性及联系等多个方面。现实中，经济空间结构作为前置条件影响着跨地区的经济行为与政策选择，即差异化的经济空间结构往往导致地区间选择差异化的行为，进而导致差异化的均衡结果。

本书将经济空间结构抽象为"点—轴"形态，研究差异化经济空间结构下上下游地区在河流污染治理过程中协同治理行为的产生条件、协同效应发挥的影响因素、环境规制政策的有效性等一系列相关问题。本书共分三个单元进行展开：理论分析与现状描述单元重点从经济学视角对污染协同治理问题进行了重新审视，对中国主要河流的污染现状及污染物排放的空间相关性进行了描述性分析，并运用演化博弈模型对不同空间结构下河流污染治理行为的稳态均衡结果进行了考察；海河流域案例分析单元基于实证数据分别对海河流域主要河流的污染现状和流域 25 个主要城市的经济空间结构进行了评价，在此基础上通过实证模型考察了经济空间结构与海河流域污染减排协同性之间的关系，最终测度环境规制的减排效果是否会因经济空间结构的差异而有所差异；研究结论与政策措施单元主要是在对研究结论进行归纳和总结的基础上，基于经济空间结构视角提出实现流域河流污染协同治理的政策措施。

通过研究发现，以跨界补偿为主要形式的激励机制和强度足够的惩戒机制是实现河流污染协同治理的必要条件。从主体构成角度看，下游地区拥有越高的经济发达程度和越强的区位中心性，河流污染协同治理就越易于实现。从联结关系角度看，紧密的经济联系和互补的产业结构关系也有利于河流污染协同治理关系的达成。以上结论均能够从理论和实证两个角度得到证明。

传统观念认为，环境污染的跨区域治理主要依赖于两条路径：其一，以制定严格的排污限额，"关停并转"高排污企业，对超标排污企业进行经济处罚，对污染严重地区领导进行追责为主的指令控制型规制；其二，以开展排污权交易为主的市场激励型规制。本书可能为相关问题的解决提供了新的视角，即包括河流污染在内的环境污染治理可通过提升地区间经济联系强度和产业衔接水平这一"第三条路径"予以实现。

寄希望本书能够为相关部门更好地开展河流污染协同治理工作提供决策参考，为达成"绿水青山"的发展目标贡献一点绵薄之力。

目　录

第一章 绪 论

第一节 问题提出

习近平总书记在党的十九大报告中指出，必须树立和践行"绿水青山就是金山银山"的理念，坚持节约资源和保护环境的基本国策，像对待生命一样对待生态环境。

水乃生命之源、生产之要、发展之基。干净、清洁、可被持续利用的水资源对于一个国家社会经济的发展具有重要意义，是实现"绿水青山"奋斗目标的重要一环。作为社会经济快速发展的大国，中国人均水资源拥有量仅为世界平均水平的1/4，并且在华北、西北等地区水资源短缺矛盾表现得更为突出。与此同时，严峻的水污染现实使得中国缺水困局进一步加重。根据2015年6月环保部公布的《中国环境状况公报》，2014年在长江、黄河、珠江、松花江、淮河、海河、辽河七大流域和浙闽片河流、西北诸河、西南诸河中，水质处于Ⅳ类及其以下的国控断面占比紧接30%。① 在一些流域，水污染形势更为严重。例如，海河流域的国控面中，Ⅳ类水质占14.1%、Ⅴ类占9.3%、劣Ⅴ类占37.5%。相对于大江大河而言，数量更多的中小河流污染情况更甚，如海河支流劣Ⅴ类水质占比就达到了44%。严重的河流污染在进一步加重水资源短缺困局的同时，还易于引发上下游地区对立、居民恐慌，危害社会安全稳定大局（周生贤，2010）。

---

① 根据国家技术监督局（现更名国家质量监督检验检疫总局）制定的《中华人民共和国地表水环境质量标准》，中国水质按功能高低依次分为五类。其中，Ⅲ类以下水质恶劣，不能作为饮用水源。

河流污染及其治理具有"三多"特征：①多地区。就像几乎所有环境污染共同存在的问题一样，河流污染一般也涉及多个不同的经济主体。由于外部性的存在，上游地区的排污行为往往会对下游地区产生负外部影响。因此，单纯依靠一方的治污行动很难从根本上解决问题。②多主体。河流污染及其治理不仅涉及多个地区之间的关系，还涉及一个地区内部政府、企业、居民多个主体之间的利益关系。政府往往是河流水环境的监督主体、水污染的处罚主体和治理主体；企业往往是河流污染的排放主体，同时也可能成为治理主体；居民往往是水污染的受害主体，但同时也是生活污水的排放主体。因此，"多重主体与多重角色"相互交织是河流污染及其治理的又一基本特征。③多目标。人类的生产活动必然伴随着一定的自然资源消耗和污染物的排放。无论是将水污染物的排放作为生产要素，还是将其视为生产过程的副产品，实际上都是将水环境污染视作了经济发展的代价。因此，在技术水平既定的条件下，任何地区都存在着在促进经济发展与保护环境质量两个目标之间进行权衡的问题。从这个角度来看，河流污染同时具有多目标的特征。

正是基于河流污染的"三多"特征，治污工作必须在权衡经济发展与环境保护多重目标的基础上，通过上下游多地区以及地区内部政府、企业、居民多主体之间的协同行动才可能取得较好的治理效果。如图1-1所示，河流污染治理往往形成区域内（同一地区政府、企业、居民之间）和跨区域（上下游地区之间）两个相对独立又相互关联的系统。由于上下游往往分属不同行政区，利益关系更难协调，进行跨区域协同的难度一般也就更大。

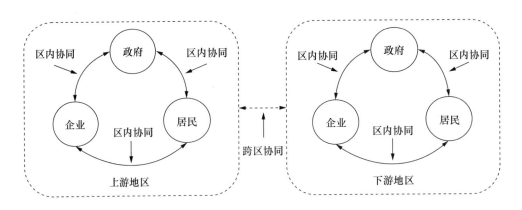

图1-1 河流污染治理过程中的区内与跨区域协同关系

目前，我国河流污染及其治理在上下游区域间形成了以下三种效果：

第一，"上游获益，下游受损"。例如，早在 1994 年夏季，为缓解连续降水带来的压力，淮河上游采取开闸放水的方式泄洪，致使 2 亿多立方米的污水顺流而下，造成流域下游地区大量鱼虾死亡。更为严重的是，部分居民饮用遭污染的河水后出现恶心、呕吐的身体不适症状，沿河自来水厂停止供水 54 天，百万人出现饮水困难。又如，2004 年四川沱江的上游企业在试生产过程中因技术故障将大量含有氨氮污染物的工业冷凝液排入江中，致使下游地区近百万户居民饮水困难，直接经济损失高达 2019 亿元。近年来，虽然投入大量的人力、物力进行水污染治理，但跨界水污染事件依然频发。例如，2011 年 8 月发生的云南曲靖铬渣污染水体事件，2013 年初发生的浊漳河水污染事件，2013 年 3 月发生的黄浦江死猪污染水体事件，2013 年 6 月发生的"昆明东川小江变身'牛奶河'"事件，2014 年 4 月发生的兰州苯含量超标事件等，都是跨界水污染现象的集中、突出反映，其最终结果都是上游地区为追求经济利益致使下游地区利益受损。由于空间位置决定上下游地区往往在河流污染博弈过程中处于非对等地位，因此"上游获益，下游受损"的情形最为常见。

第二，"下游获益，上游受损"。北京市在经济社会快速发展和用水需求与日增加的同时，降水量却呈现减少态势。资料显示，20 世纪的前 10 年北京市年平均降水量为 432.8 毫米，较 19 世纪 50 年代减少 47%，较 60 年代减少 25%，较 70 年代和 80 年代都分别减少 21%，较 90 年代减少 28%。降水量的减少进一步加重了北京市用水紧张局面。作为重要水源地的河北省张家口和承德部分地区自 2001 年开始实施"退稻还旱"工程。10 年间累计将约 13 万亩的水稻田改种灌溉用水需求较少的玉米作物。根据测算，"退稻还旱"每年亩均可减少灌溉用水 400 立方米，年节水 5200 万立方米左右。通过"退稻还旱"工程，北京市的用水权和发展权得以充分保护，节约的 5200 万立方米水资源也可为北京市创造 2.08 亿~3.17 亿元的水费收入。考虑现行水价并非水资源真正的市场价格，而是由政府综合考虑水资源使用成本、经济发展客观需要、社会承受能力等方面因素制定的行政价格，通过"退稻还旱"工程给北京市创造的经济价值应当远高于水费收入。"退稻还旱"在保证北京市供水安全的同时，给河北省水源地带来了经济损失。曾有学者对"退稻还旱"工程的主要实施地——张家口市赤城县及其周边地区农民经济损失进行了估算（董文福，2007），"退稻还旱"工程将使得河北省赤城县后城村农民家庭收入平均减少 3.42%，丰宁县胡麻营村农民家庭收入平均减少 3.40%，赤城县巴图营村农民家庭收入平均减少 13.7%。如果通过水稻种植面减少所产生的机会成本对经济损失进行估算，综合考虑水稻和玉米作物亩产与单价的差异，"退稻还旱"工程给河北省水源地造成的经济损失大约在 6500 万元/年（徐志伟，2013；黄芳，2014）。此外，为保证下游京津地区水库水质，地处滦河流域上游的河北省相关地区也采取限制开发、居民外迁等一系列措施保护水源地环境。虽然下游地区也曾经给予有限制开发地区一定的经济补偿，但总体而言，水源地"因水致贫"现象仍然存在。正常情况下，上游地区基于空间位置优势往往在河流水资源博弈中处于优势地位，但政府通过"有形的手"扭转了博弈过程中的"非对称性"，结果最终导致"下游获益，上游受损"情形的发生。

第三，"多方共治，合作双赢"。2000 年，浙江省东阳市和义乌市通过谈判达成水权购买协议：义乌市一次性出资 2 亿元购买东阳横锦水库每年约 5000 万立方米水的永久性使用权。从横锦水库到义乌境内引水工程由义乌规划设计和投资建设，其中，东阳境内段引水工程的管道工程施工由东阳市负责，费用由义乌承担。转让用水权后水库原所有权不变，水库运行、工程维护仍由东阳负责，义乌按当年实际供水量每立方米 0.1 元支付综合管理费（包括水资源费、工程运行维护费、折旧费、大修理费、环保费、税收、利润等所有费用）。通过水权交易，东阳市获得了 2 亿元的水利建设资金以及每年约 500 万元的供水收入，而长期困扰义乌市的缺水困局也得到了很好的解决。[①] 与此同时，为保证所交易水资源的质量，东阳市于 2013 年决定设立东阳市横锦水库水源保护专项资金，主要用于对横锦水库水源环境保护区范围内的水质监测、生活垃圾处理、生活污水处理、农村农业面源污染综合治理、自然生态修复等项目的补助和对横锦水库、南江水库水源保护做出突出贡献单位、个人的奖励。通过跨地区合作，在保证义乌市供水的同时，相关河流和水库的水环境质量也得到了有效的保护。东阳—义乌之间的水权交易基本实现了"多方共治，合作双赢"的目标，但类似情形仅为个案，在此后的近 20 年时间里并不多见。

现象背后，为何仅有少数能够实现河流污染的跨区域协同治理，大多数却"顾此失彼"？究竟哪种模式更有利于保证行动上的"多方共治"，哪种模式更易

---

① 本部分相关数据主要来源于浙江省水利厅发布的《关于东阳市向义乌市转让横锦水库部分用水权的调查报告》，并经本书作者整理而成。

于实现利益上的"合作双赢"？现有研究中，相关学者从河流污染及其治理的行为博弈、河流污染协同治理的模式选择等多个视角展开了针对性的研究。

第二节 文献综述

一、污染治理的行为博弈：非合作博弈还是合作博弈

博弈主要反映了多方参与的活动中，由各自以自身利益最大化为目标的参与人各自策略所组成的相互依存关系。由于能够解释追求自身利益最优的相关主体行为选择方式及在其共同作用下系统的演进逻辑，博弈方法被广泛用于描述河流污染治理过程中的主体行为（Madani，2011）。基于不同视角，可对博弈进行多种分类：如根据参与人是否同时采取行动，可划分为静态博弈和动态博弈；根据参与人拥有的知识，可划分为完全信息博弈和不完全信息博弈等。现有关于河流污染及其治理行为的博弈研究，更多地关注于博弈双方是否能够产生合作治理行为，因此更多学者分别从合作和非合作博弈的视角进行了针对性研究。

1. 基于非合作博弈视角的研究

非合作博弈更多地强调参与人在博弈过程中自主决策，而不兼顾策略选择可能对其他人造成的福利影响，因此往往在行动过程中难以达成约束性的协议。相对于合作博弈而言，非合作博弈更侧重研究参与人在利益相互影响的局势中如何最大化自身收益，被广泛运用于上下游地区河流污染冲突的研究过程。

在外文文献中，部分学者关注于非合作博弈条件下上下游地区博弈获得的纳什均衡解。Dockner（1999）在离散时间、无限次重复博弈条件下，求解受到邻近地区水污染的城市所存在的马尔可夫均衡解。Krawczyk（2005）通过对静态和动态两种假设条件下的非合作博弈结果比较，分析河流污染治理过程中的纳什均衡解。Kerachina（2006）运用随机冲突解决模型研究封闭系统情境下的跨界水污染问题，并求得了纳什均衡解。Hamouda（2006）运用图论（Graph Models）方法将行为偏好纳入研究模型，基于偏好强度差异性研究国家间河流污染冲突，并给出了基于偏好差异的纳什均衡解，研究发现，由于空间优势的存在，上游地区

往往在河流污染冲突博弈中处于优势地位。Gromova（2015）运用非合作微分博弈模型研究了发达国家与发展中国家在河流污染治理过程中的策略选择问题，并在开环博弈中求得最优均衡解。Giorgio（2015）基于非合作微分博弈，求得了开环条件下随时间变化的马尔可夫完美的纳什均衡，并证明了均衡的稳定性。

此外，部分学者重点关注了非合作博弈条件下，参与人在河流污染及其治理过程中的策略问题。Zeitouna（2006）以中东地区的尼罗河和幼发拉底河为对象，研究权利不对等条件下水资源数量和质量冲突，发现通过资源捕获和控制策略，博弈一方可建立优势地位，并且冲突强度和权力地位将影响双方最终的博弈结果。Madani（2010）通过"囚徒困境""懦夫博弈"和"狩猎博弈"比较，描述了跨界水污染的相关主体纯策略行为选择模式及整个系统的演进路径，发现在很多情况下合作成本要高于不合作成本。

同时，部分学者将关注重点置于如何通过机制设计实现河流污染的有效治理，进而达成减排目标。Erisman（2002）以荷兰氨氮水污染源为对象，运用非合作博弈模型研究政府、消费者、工业生产者和农业生产者四者之间的长期博弈关系，并以成本最小化为目标建立排污削减机制。Loaiciaga（2004）对于通过建立合作与非合作对比博弈模型（Non – Cooperative and Cooperative），研究上下游之间水污染冲突，并证明了缺乏有效上级强制力干预条件下合作治理行为难以产生，并在此基础上对政府干预机制进行了设计。Bayramoglu（2006）以黑海沿岸的乌克兰和罗马尼亚两国为对象，进行了动态非合作博弈、一致性减排政策和恒定减排政策的有效性比较，最终发现，子博弈完美均衡条件下的非合作博弈更有利于双方福利水平的改进。Simon（2007）采用非合作博弈模型研究了法国多主体之间化解河流污染治理成本分担问题。Madani（2007）运用非合作博弈模型分析中东阿拉伯国家与以色列之间的水资源数量和质量冲突，并证明了在中东地区通过排污权交易解决河流污染冲突的可行性。Zhao（2009）认为，比例减排模型导致中国当前严重的跨界水污染问题，并开发了一个包含集体合作和再分配的两阶段效益模型解决冲突。Tidball（2009）通过有限范围的、两个参与者参加的博弈分析，发现静态合作博弈下达成的帕累托最优，在动态非合作博弈条件下将不可能实现，但合理的税收机制可以达成减少污染的治理目标。Zhao（2009）运用非合作的 Stackelberg 博弈，研究中国跨界水污染的交易税问题，认为当交易税确定时，博弈者依据税率决定自己的排污水平，并达成整个流域的最小排放。

相对而言，国内关于非合作博弈条件下河流污染及其治理的研究文献相对较少。主要研究如下：魏守科（2009）对"南水北调"中线工程中的有关利益冲突进行模拟分析，研究发现在非合作博弈条件下，水资源管理过程中调水方利益必然受损；汪国华（2010）分析了政府、企业和环保组织的博弈关系，发现河流污染治理本身存在"囚徒困境"；李胜（2011）研究了地方政府与中央政府在水污染治理过程中的信号传递以及地方政府之间的博弈冲突，并发现在地区利益冲突、信息不对称和缺乏有效的激励机制条件下，地方政府将难以执行中央政府的河流污染治理政策，地方政府之间的河流污染治理合作也很难形成；孙冬营（2013）运用基于非合作博弈的图模型在策略层面对跨界水污染"局中人"行为进行分析，并以江浙边界和杭绍边界水污染冲突为案例寻求冲突的均衡解，研究发现，中央政府同时采取激励策略与控制策略，江苏省采取部分削减污染物排放策略，浙江省采取沟通协调策略是一种最稳定状态；李正升（2014）从中央政府和地方政府、地方政府之间两个视角研究了河流污染治理中的策略性行为，研究发现，中央政府的监管成本和处罚力度决定了地方政府对辖区流域水污染治理的概率。

2. 基于合作博弈视角的研究

与非合作博弈相对应，合作博弈往往存在参与人的信息互通和有约束力的可执行契约。在合作博弈过程中，参与人之间一般通过妥协增进博弈双方以及整个社会的利益，并在此基础上能够形成一定的福利剩余。相对而言，合作博弈更强调团体理性，其结果是团体整体收益大于非合作博弈时参与人单独行动的总收益。很多学者研究了如何能够在上下游地区形成稳定的合作关系，以实现河流污染的协同治理。

由于更加强调团体利益的最大化，因此学者研究普遍认为合作博弈的均衡解更有利于达成河流污染的协同治理目标。Fernandez（2006）以加拿大和美国为例，通过合作博弈与非合作博弈的比较研究削减成本差异化和或有损害不对称性条件下的跨界水污染防治问题，发现合作要较不合作更有利于污染物的控制。Wirl（2007）通过随机微分博弈分析不确定条件下马尔可夫战略的纳什均衡解，发现地区间的合作将有助于跨界水污染行为的发生。Yang（2008）以北京官厅水库上下游地区为例，通过合作博弈模型研究北京市和河北省在水环境保护上的纳什均衡解，发现合作博弈更有利于实现双方的"共赢"。Mahjouri（2010）以伊朗跨流域调水为对象，在研究流域水资源合理分配的基础上，通过合作博弈模型分析水质量保障问题，结果证明，合作博弈模型能够有效解决水资源和水环境冲突。Mahjouri（2011）以伊朗南部地区为例，通过建立包含经济和环境约束的最优模型，运用合作与非合作博弈模型的比较研究水资源和水环境约束下的经济利益问题，发现合作博弈将产生最优解。Wei（2010）以中国"南水北调"中线工程为例，在多参与主体、静态、非完全信息条件下，运用博弈与回归分析相结合的方法，发现虽然理论上可以证明即使一些地区利益可能受损，但合作仍是占优战略，而减少环境保护者损失是刺激参与人采取合作策略的关键。但也有学者得到了相反的研究结论，如 Yanase（2005）发现在非合作博弈可能比合作博弈更有利于得到更低的排污水平，进而为改进合作博弈存在的不足设计出了减少污染物排放的触发战略。

河流污染的协同治理过程中，影响上下游地区合作稳定性的关键因素之一在于如何对河流污染治理的成本进行合理分担，很多学者在合作博弈框架下对相关问题展开针对性研究。Missfeldt（1999）认为，减排责任划分上的不合理和免费"搭车"现象最终导致跨界水污染的发生，在考虑交易成本、信息对称性和行为动机的条件下，并基于动态合作微分博弈研究发现了单边支付计划可以达到马尔可夫完全纳什均衡。Parrachino（2006）运用合作博弈模型研究灌溉、水力发电、城市用水等多主体跨界水污染治理成本分担协议问题，并求解能够形成稳定合作关系的均衡解。Raquel（2007）研究了墨西哥由于上游地区农业发展与下游水环境质量恶化引发的不同地区多主体博弈问题，并提出了按照水资源影子价格进行成本分担的政策建议。Eleftheriadou（2008）以希腊和保加利亚的 Nestos 河为例，通过合作博弈模型发现按照经济发展水平支付河流污染治理成本，可以最大限度地提升协作效率，减少治理成本。Yeung（2008）研究避免跨界水污染的费用分担子博弈完美均衡条件，发现行为人当期的行为选择将主要受到前期最优解的影响。Fernandez（2009）运用微分博弈在合作与非合作两种状态下研究美国和墨西哥边界 Tijuana 河的跨界水污染削减成本分担问题，研究认为污染物的多少取决于减排成本的多少和对于成本的敏感性，采取下游地区对上游地区进行转移支付式的经济补偿有助于污染量的减少。Tidball（2009）通过微分博弈发现静态合作博弈下达成的帕累托最优，在动态非合作博弈条件下将不可能实现，但合理的税收分担机制有利于协同治理行为的产生。Jorgensen（2010）在不考虑增量污染的条件下研究跨界存量水污染治理合作问题，认为最优治污成本分担机制应依据相关成本参数微分结果进行确定。Kolabutin（2014）通过两阶段合作博弈模型研究发现，降低污染治理成本动机能够激励河流污染博弈相关主体加入污染减排协议，由此导致协议的稳定和规模的扩大。

此外，在合作博弈框架下，部分学者注意到上下游地区之间的经济、政治关系可能会影响其在河流污染治理过程中的行为选择，进而产生差异化的均衡结果，并最终影响治理手段的有效性。Lynne（1998）通过中东和中亚地区河流污染案例分析发现，上游地区基于地理位置优势而可能采取不与下游地区合作的占优策略，但这个策略可能随着诸如紧密贸易关系和政治冲突在内的经济、政治因素而发生改变，并且随着经济政治联系的加强，积极合作并获取正收益将成为子博弈完美均衡策略。Fernandez（2002）以美国和墨西哥两国为对象，基于合作微分博弈并运用经验数据将减排成本、两国贸易、污染强度等作为解释变量估计跨界水污染治理效果，并对于两国协同治理和单独治理效果进行比较，发现贸易自由化有助于解决跨界水污染问题。Warner（2012）将国内政治与国际政治、政府与非政府组织综合考虑，通过三方博弈研究力量不对称条件下的地区间水污染冲突与合作问题，研究发现，即使在经济等方面强有力的国家也不可能自己解决水污染问题，非政府组织行为有利于加强跨地区合作。但相对而言，对于经济与政治联系将如何影响上下游地区间河流污染治理效果的研究，尚显得还不够成熟。

　　在国内研究中，学者主要从合作博弈视角研究了河流污染治理过程中的福利变化、治理成本分担、排污权交易、府际关系等问题。张建肖（2008）研究了陕南秦巴山"南水北调"中线工程水源地保护问题，并通过合作博弈与非合作博弈的比较发现，合作博弈将使受水地与水源地整体福利达到最大化。李胜（2010）通过博弈模型研究了中央政府和地方政府在河流污染及其治理过程中的策略选择，发现改变支付函数是达成协同治理的关键，因此，地方政府的执行成本、声誉与晋升机会损失、中央对地方政府的处罚力度和地方政府支付的挽救成本成为关键变量。赖萍（2011）运用二项式半值解方法研究了河流污染治理过程中的成本分担问题。王慧敏（2013）重点研究了水污染控制合作管理激励约束机制、多主体合作的水污染物排污权交易体系，并在此基础上构建了达成水污染物排放权交易的合作定价模型与合作监管体系。齐亚伟（2013）研究发现，通过联盟在有助于扩大跨界污染治理净收益的同时，也有助于节约环境效用的净损失，并在此基础上尝试运用 Shapley 值法对合作净效用在地区间进行分配。与此同时，仅周愚（2013）关注到经济联系与地区间污染协同治理之间的关系。该研究通过两阶段动态博弈模型分析了地区间市场从分割到融合过程中，污染物排放以及地区福利水平的变化，并发现当地区间跨界污染不严重时，市场融合与区域福利水平呈现同向变动的关系。

二、污染治理的模式选择：契约协同还是行政协同

当前实现河流污染的协同治理主要采用两种模式：通过讨价还价达成契约实现的协同治理（横向关系），通过政府行政指令安排实现的协同治理（纵向关系）。由于更加重视减排契约在污染协同治理中的作用，国外文献更侧重对协同治理契约稳定性及实际效果进行研究。由于污染减排过程中更加依靠政府的规制和行动（蔡昉，2008），国内研究大多采用定性分析方法关注区际政府间环境污染的协同治理问题。

1. 基于契约协同模式的研究

John（2001）曾经运用动态微分博弈研究了对于跨界河流污染问题究竟是地方政府自行协商解决还是中央政府协调解决更为有效的问题。通过研究发现，在博弈参与人支付差距足够大且最初污染水平很低的情况下，权力下放方法将使得上下游地区的组合收益获得最优化。Carraro（2007）运用非合作议价模型研究流域上下游跨区水污染问题，再次证明了通过上下游地区间的自由议价可达成双方共赢的协同治理契约。

John 和 Carraro 的观点颇具代表性，通过谈判达成治理契约进而实现减排目标，成为国外上下游地区间实现河流污染协同治理的主要途径。但是，由于外部性和机会主义行为的存在，如何维护协同治理契约的稳定成为学者研究的焦点。现有研究主要将焦点集中于契约参与人数量、惩罚机制的作用、成本分担与利益共享机制的影响等方面。

首先，大多数学者倾向于认为较少的参与人数量有利于协同治理契约的稳定。Finus（2002）运用博弈理论分析了水污染治理契约的稳定性，求得没有合作契约下非合作博弈和有合作契约下的合作博弈纳什均衡解，并且发现一个较少参与人的协同治理契约相对更为稳定。Rubio（2005）通过微分博弈研究协同治理契约参与者与非参与者之间的博弈关系，发现控制参与人规模有助于契约的稳定。与 Rubio 的研究结论相类似，Diamantoudi（2006）运用非合作博弈的 Stackelberg 模型，发现治污契约缔约各方的福利水平并未随着缔约者数量的增加而增加，同时契约越是稳定，缔约方的福利水平就越高。Zeeuw（2008）在非合作博弈框架下研究协同治理契约的稳定性，研究发现，合作者一个微小的背叛很可能

引起其他参与人接连的背叛，因此，稳定的契约只有在较小的范围内才能实现。但是，也有学者通过研究发现，参与者数量与协同治理契约稳定性之间并非简单的单调关系。Asheim（2006）通过比较一个国家内部不同地区之间和国际上国与国之间的水污染协同治理契约，研究了契约参与者数量的上界和下界，并框定出合意参与者数量。Breton（2010）通过离散时间条件下非合作博弈研究发现，小部分新参与人的加入对于原有协同治理契约稳定性的影响受契约组织结构的作用。

为了消除协同治理契约执行过程中可能存在的机会主义行为，部分学者研究了惩戒机制对于契约稳定性的影响。Alberini（2002）比较了自愿性减排契约和强制性减排契约在河流污染协同治理的有效性问题，发现可置信的威胁是保证相关契约有效执行的关键。Herran（2009）运用微分博弈研究维持契约稳定所必需的触发战略，发现一旦某一博弈人采取背叛策略，其他博弈者将采取相同的策略作为回报，因此强有力的惩罚机制是维持协同治理契约稳定的关键。但也有学者对于惩罚机制的必要性持有不同观点。Kempfert（2005）分析了非合作博弈条件下刺激不合作地区加入环保契约的动机问题，研究发现，技术合作、提升能源效率是刺激相关地区加入协同治理契约的主要动力，而惩戒机制可能是非必需的。

其次，契约本身也是对于不同主体之间的利益关系进行再分配，因此，成本分担与利益共享机制对于协同治理契约的稳定性也具有影响。其中，Jorgensen（2001）通过合作谈判博弈模型研究跨界水污染中协同治理契约稳定性形成的条件以及单边付费剩余的分配纳什均衡解问题，研究发现，在均衡条件下，下游受污染方支付一定的治理补偿费给上游污染企业是一个较好的选择。Barrett（2003）通过研究发现，确定性的成本分担和利益共享机制是维持协同治理契约稳定性的关键。同时，部分学者认为，成本分担与利益共享机制对于契约稳定性的影响受协同治理契约结构的影响。Labriet（2008）研究了15人参与的多人博弈中减排契约稳定性的问题，并计算和比较了不同利益分配机制条件下参与人采取背叛策略的可能性，并发现开环（Open‑Loop）信息结构最有利于契约的稳定。

2. **基于行政协同模式的研究**

相对而言，国内对于河流污染更多地采取"由上至下"的治理模式，因此，对于上下游地区横向之间协同治理契约的研究相对较少，仅个别文献从委托—代理视角研究"政企"之间的环境规制契约问题。例如，王永钦（2006）将政府设定为委托人，将污染企业设定为代理人，基于委托—代理理论研究环境规制契约的有效性问题，并在逆向选择和代理人有限承诺并存条件下，基于规制契约形式求得的均衡解进行了比较。仍然基于委托—代理理论，薛红燕（2013）运用博弈模型，在信息不对称条件下分析了政府、规制机构与企业三者之间的关系，并对政府环境规制契约的设计与监管、环境规制机构与企业合谋的影响因素等进行了研究。

因存在严格的科层组织，国内研究认为，区域间管理部门的行政协同更为有效，因此更多地将研究重点置于如何协同流域管理部门与行政区管理部门、不同行政区管理部门两个层面的关系。

在流域管理部门与行政区管理部门的协同方面，赵来军（2003）认为，信息不对称、缺乏权威和强制力的组织保障、对利益协调分配方案公平度认知的不足是造成流域管理部门与行政区管理部门实现河流污染协同治理的主要障碍。施祖麟（2007）认为，能否有效化解流域管理部门与行政区管理部门的矛盾是实现中国河流污染协同治理的关键所在，并提出在保持条块结合的政府层级结构基础上创新管理体制，通过机构、机制、法规等综合性改革来协调矛盾冲突是解决跨行政区河流污染较为可行的治理方案。秦佩恒（2008）认为，传统的条块分割管理模式是造成包括河流污染在内一系列环境问题的体制性原因，并从体制、政策和支撑体系三方面提出了构建中国跨行政区环境管理体制机制的政策建议。虞锡君（2008）重点分析了太湖流域水污染的成因，并强调流域管理体制创新对于实现水污染协同治理的重要意义。郭玉华（2009）分析了浙江嘉兴和江苏苏州发生的跨界水污染事件，认为太湖流域管理局职能单一，不能对整个流域进行统一行动是造成地方政府各自为政、难以实现协同治理的关键原因。李正升（2014）认为，河流污染治理过程中行政体制的分割性和属地化管理破坏了污染治理的整体性，而强化流域管理机构的权威性是打破河流污染治理过程中行政分割的关键。刘春湘（2014）认为，通过建立流域管理机构，协调各地区行政部门间关系是解决湘江流域水污染的关键。

正如上文所分析的，很多学者认为行政管理体制上的条块分割是造成河流污染协同治理困难的关键。因此，上下游地区不同行政区管理部门之间关系的协同成为实现河流污染协同治理的关键。张超（2007）通过五种水污染治理模式的比较研究认为，解决中国的河流污染问题需要采用府际合作主导的复合型跨界水污染治理模式。马强（2008）从机构、立法和手段三个方面归纳了地区间水污染治理现状，指出了在管理体制、法律法规、制度政策以及支撑体系等方面存在的问题，并提出了建立跨行政区河流污染协调机制的政策建议。易志斌（2009）从个体理性与集体理性冲突视角分析了河流污染存在的原因，并从制度环境、组织安排和合作规则三个方面提出了实现河流污染协同治理的对策建议。汪小勇（2011）基于多准则决策分析方法，从跨国界、省界、市界和跨流域四个层面，对单边和多边跨界环境管理契约进行评估和比较，并从立法、执法、争端仲裁三个方面提出了加强河流污染协同治理的政策建议。李胜（2012）研究认为，流域管理体制设计、地方政府间的竞争、执法力度不足、权利与信息不对称是造成河流污染协同治理困难的关键，并从加强环境执法能力、加大行政问责力度、异地开发补偿等方面提出了解决问题的相关政策建议。余璐（2013）提出通过建立议价环境支持系统以及议价过程支持系统形成跨地区议价机制，并在此基础上解决污染协同治理问题。唐兵（2014）也认为条块分割的管理体制是造成中国河流污染协同治理困难的关键因素，并认为应该着力从强化政府考核与激励机制、建立符合治理特性的管理机构和协调机制、加强水污染治理的信息平台建设三方面，着力改善协同治理效果。崔晶（2014）强调应通过地方政府之间行政管辖权的让渡和构建跨区域合作组织来实现区域地方政府之间的合作和协同行动。张彦波（2015）则认为应该从区际政府协作的角度寻求和构建区域生态治理体系，解决地区间环境污染的协同治理问题。

除了正确地处理政府间各部门关系之外，河流污染协同治理能否顺利实现的关键还在于多元主体之间的利益关系能否得到有效的兼顾和协调，因此，部分学者从处理不同相关主体之间利益关系视角进行了研究。胡若隐（2012）认为，需要建立一个包含地方政府、市场主体和社会公众三方参与的治理构架，并在利益驱动下通过多方共治解决河流污染治理过程中存在的地方管理部门分割问题。严燕（2014）研究认为，实现环境的协同治理应该主要基于多元利益主体共同参与模式，通过构建公共参与机制推进地方政府相关部门行政改革。黄斌欢（2015）也认为相关主体之间的利益失衡是导致污染协同治理困难的原因，因此，解决问题的关键是通过构建多元治理机制重构国家、市场和社会三者之间的平衡，实现多元主体之间的利益平衡。

三、环境规制政策的实施效果：效果显著还是效果缺失

规制（Regulation）又称管制，是社会公众机构依照一定的规则对企业活动进行限制的行为（植草益，1992）。规制构成具有三要素（王俊豪，2014）：①规制的主体——政府行政机关；②规制的客体——市场活动的主体，主要是企业；③规制的依据——法律或其他社会制度。规制可以划分为经济性规制和社会性规制两大类。经济性规制主要针对自然垄断，如政府对自然垄断企业进行平均成本定价或边际成本定价等。社会性规制可以用"SHE"进行概括，即生产安全规制（Security Regulation）、卫生健康规制（Health Regulation）、环境规制（Environment Regulation）。环境规制主要是政府为消除污染外部性而对企业经营行为进行干预活动的总称，大体上可以划分为指令控制和市场激励两种类型，并表现为法律追责、环境标准、征收排污税费、加大环保投资力度、排污权交易等具体形式。

当前，有大量文献对于中国的环境规制政策是否真正取得了减排控污的实际效果进行了研究。但由于具体规制工具和研究对象选择上存在的差异，研究结论存在一定差异。[①]

1. 环境规制能够取得减排效果的研究

按照环境规制所采用的具体工具的不同，相关学者分别研究了法律追责、环境考核、排污收费、排污税规制工具等对于减排效果的影响，并证明了上述规制工具的有效性。

法律追责与环境考核本质上都属于指令控制型环境规制政策。部分学者通过研究，肯定了这些规制工具能够在控制污染物排放方面取得理想的效果。其中，马媛（2015）通过对2001～2010年样本数据的灰色关联度分析，证明如果环境立法配之以严格的环境执法，则指令控制型环境规制就能够取得最明显的减排效果；Bi（2014）通过松弛的数据包络分析（Data Envelopment Analysis，DEA）法

---

① 总体而言，河流污染治理属于环境规制大框架之下一种具体污染治理类型。虽然在污染特性、污染主体空间关系等方面有所差异，但在规制工具的选择等很多方面又是相通的。因此，现有很多文献没有将环境规制政策对于河流污染治理的影响单独研究，而是关注规制政策对于整体环境质量的作用。基于这一原因，本书在此部分的文献综述过程中，适当扩大了研究范围，也将一些其他污染类型规制效果的研究包含在内。似乎这样处理，更能梳理出现有研究对于环境规制效果的整体评价。

实证模型研究发现，严格的环保考核制度有利于减少中国能源业的污染物排放；吴建南（2016）研究了2004~2011年开展的省级环保目标考核对于控制污染物排放的影响，证明其对于控污减排具有显著的作用。

虽然在具体形式上有所差异，但征收排污费和排污税本质上都是基于庇古税的形式消除污染行为的外部性，已达到减少排污效果的规制工具。大量研究证明这两种环境规制工具是有效的。

在排污收费的减排效果方面，Wang（1996，2000，2005）研究了中国排污收费强度与污染物减排效果之间的关系，结果发现，虽然在不同污染类型间存在一定差异，但排污收费制度总体上是相对有效率的，且排污收费水平越高的地区减排效果越明显。Dasgupta（1996）也证明了排污收费对于控制中国的水污染物排放显著的正向作用，如果分别以每吨15美元和30美元进行收费，则可以使废水排放中的化学需氧量以及生物需氧量分别减少90%左右。张友国（2005）通过一般均衡模型证明了如果将排污收费收入专款专用于污染治理，则会导致工业污染物排放总量的增长率有显著下降。李永友（2008）对中国跨省工业污染数据的实证研究表明，以排污收费对减少污染排放起到了显著效果，其作用弹性达到了0.4，但是中央政府控制污染的决心未能对地方环保部门和地方政府的环保执法起到积极的促进作用。

在排污税费的减排效果方面，Garbaccio（1999）通过构建动态CGE模型模拟碳排放税对中国经济的影响，结果表明碳排放税政策能够在减少污染物排放的同时，获得经济发展的"双重红利"。刘国安（2011）以中国工业废水排放为研究对象研究了1993~2007年排污费征收政策的实施效果，结果证明其对抑制工业废水排放具有显著的作用，并且这种作用呈现中部、东部、西部地区递减的区域分布特征。梁伟（2014）将研究进一步细化到征税环节和税率的影响方面，其研究通过构建CGE模型比较分析环境税在不同的征税环节所产生的减排效果，结果发现，该规制政策会促使企业研发减少排污的环保技术，推动相关领域的技术进步，进而产生减排效应。

理论上讲，加大环保投资也会起到抑制污染物排放的作用。包群（2006）通过构建包含环境规制、经济增长和污染物排放量在内的联立方程，证明环境保护投入的增加和环保技术的创新对于控制污染物排放具有显著作用。彭熠（2013）基于中国30个省市2001~2010年的数据，运用动态面板模型对工业废气减排投资的有效性进行了检验，结果也证明该种规制手段的有效性。徐志伟（2016）运用联立方程模型研究了工业经济发展、环境规制与污染减排效果之间的关系，结果发现，2008 年之后环保投资的效果开始显现，并且减排效果在东部地区表现得最为明显。

此外，部分学者将多种环境规制工具的减排效果进行了比较研究，虽然在研究结论上有所差异，但总体上依然肯定了中国开展环境规制的有效性。戴辉（1999）通过构建代际关系模型进行理论推演，认为由于具有较强的经济激励作用，排污税和排污权交易能够取得更好的减排效果。曹洪军（2008）研究发现，虽然环境规制在整体上对于中国的污染物减排是有效的，但其中环境保护投资的效果最为明显，而征收排污费和排污税的影响相对有限。许世春（2012）通过企业最优规划模型比较研究了污染税、排污许可证交易、污染排放标准和减排补贴等环境规制工具的有效性，结果发现，若企业存在技术改进可能，污染税、减排补贴和污染排放标准可以达到相同的政策效果，排污许可证交易的效果最差；若企业保持现有技术水平不变，则上述环境规制工具可以达到相同的减排效果。黄清煌（2016）采用系统 GMM 估计方法比较了法律诉讼追责、环境标准与排污权收费三种环境规制工具减排效率的差异性，法律诉讼追责和环境标准对节能减排效率的影响呈现倒"U"型结构，排污权收费的影响则呈现"U"型结构。王红梅（2016）基于贝叶斯模型研究发现，以排污权交易为主的市场激励型环境规制政策对于中国企业的减排效果较差，而传统的通过限制企业进入、法律追责为主的指令控制型规制相对更为有效。在规制工具的选择上，贺灿飞（2013）与上述学者研究有所差异。他将环境规制细分为来自企业等利益攸关者的环境规制执行阻力、来自社会的空气污染改善受益方的环境规制执行压力和政府本身的环境规制执行能力三个层面，在此基础上比较了 2006～2011 年的大气环境规制效果，发现环境规制执行阻力和环境规制执行能力显著地影响规制执行效果，教育等社会因素通过提升环境规制压力也能够对环境规制执行进行一定的推动。

2. 环境规制未能取得减排效果的研究

与前文研究恰恰相反，部分学者通过研究发现，中国近年来实施的一系列环境规制政策没有达成控污减排的目标。

其中，在指令控制型规制政策方面，马海良（2014）通过构建污染指数方法研究发现，2005～2012 年以指令控制型政策为主的环境规制并没有改善太湖流域水环境。包群（2013）利用倍差方法考察了 1990 年以来中国各省份地方人大通过的 84 项环保立法的规制效果，结果发现单纯的环保立法并没有取得显著的减排效果，必须辅之以严格的环境执法才能使环境规制的减排作用得以充分发挥。李涛（2016）评估了水环境规划及控污政策的实施效果，研究同样证明这些政策对于中国水环境质量的改善没有显著影响。

比较而言，更多的学者研究了排污税费征收的减排效果，同样证明其对于控制污染物排放是无效或没有必然联系的。早期的研究，如 Shibli（1995）对中国排污收费政策的效果进行了考察，结果发现排污收费只是被当作地方融资的手段，而在控制污染物排放等方面作用有限。此外，刘晔（2011）研究了完全信息条件下环境税改革在寡占产品市场下的效应，结果发现，环境税的实施与环境质量的改善之间没有必然联系，其效应依赖于政府环保意识、寡头行业技术类型分布以及寡头企业相对地位等因素。王敏（2012）通过借鉴了环境库兹涅茨曲线的研究方法，重点研究了动态条件下排污税征收对于环境质量的影响，结果发现，环境质量并没有因为排污税的征收而出现改善，同时排污税征收对于促进环境库兹涅茨曲线拐点的出现也不产生任何影响。郭志（2013）通过构建基于绿色 GDP 社会核算矩阵的 CGE 模型，研究了排污税和污染治理补贴所产生的减排效果，结果发现，政策自身的减排效果不明显，对于产业结构优化也会产生不利影响。

其他类型规制工具的研究包括以下文献：李伟伟（2014）将环境治理投资作为代理变量，运用 AHP 与模糊评价相结合的方法对中国环境规制效果进行综合评价，结果发现，政策的执行效果整体较差。徐盈之（2015）构建了包含人力、物力、财力投入在内的综合指标对环境规制强度进行了评价，在此基础上通过 LMDI 因素分解方法和 VAR 模型分析了环境规制对中国碳减排的作用效果，结果发现，虽然短期内能够起到一定的抑制作用，但长期内环境规制对碳排放增量作用效果减弱直至消失。

四、文献评述

如果说环境污染的形成往往是经济活动直接或间接作用的结果，那么考虑河流污染及其治理问题自然也就不能与经济活动完全割裂。但是，现有研究对于上下游区域间经济空间结构如何影响河流污染跨区域协同治理行为及其效果尚显得不够充分，仅零星见于 Bennett、Fernandez、Warner 和周愚对于地区间经济联系与污染协同治理效果的研究。

经济空间结构是区域经济各种空间形态在一定地域范围内的组合方式（郭腾云，2009）。由于在地理位置、经济水平等方面存在的差异以及在商品、要素流动等方面产生的联系，区域间往往形成差异化的经济空间结构，并具体表现在区位中心及分布、经济水平及差距、经济互补性及联系等方面（Bunnel，2002）。现实中，经济空间结构作为前置条件影响着跨区域的经济行为与政策选择（Casron，2001）。但迄今为止，经济空间结构对上下游地区在河流污染治理过程中行为策略和治理模式有效性的影响机理尚不清楚，这可能是造成相关研究结论存在争议的主要原因之一。

基于以上原因，本书将经济空间结构因素前置于机制设计过程，探究河流污染治理过程中"空间结构—行为策略—模式选择—治理效果"的内在关系，揭示其中的科学规律，力求通过利益彼此协调、资源互换整合、信任相互传递的机制设计，探索河流污染治理的新路径。

第三节　概念界定

一、河流污染

根据《中国大百科全书》定义，环境污染主要是指人类活动所引起的环境质量下降而扰乱和破坏生态系统和人类正常生存或发展的现象。按照污染要素环境污染可以分为大气污染、水体污染、土壤污染等；按照污染形态可以划分为废气污染、废水污染、固体废物污染等。

其中，水体污染主要是由人类活动排放的污染物进入河流、湖泊、海洋和地下水等水体造成的。由于中国80%以上的生产、生活用水都源于河流取水，因此，河流污染所产生的危害往往也更为严重。同时，河水是流动的，河流污染范围往往不限于污染发生区，经常还涉及河流下游地区，进而产生外部影响。但与湖泊污染相比较，河流污染的径流方向是单向的，其产生的外部性影响也是由上游地区单向作用于下游地区的，而不似湖泊污染是沿岸地区相互作用的。进一步，按照造成河流污染的废水来源，主要包括工业废水、农业废水和生活废水，并具体表现为化学需氧量排放、氨氮物排放等。

对于反映河流污染的数据指标可以有两种测度方法。其一，通过河流水质断面调查数据反映。河流水质断面数据反映的是河流污染的结果，是河流遭受污染和经过自净之后所形成的污染存量，是时点数。其优点在于能够准确反映河流的水体质量，缺点在于更多反映的是点原数据并受到河流周边地区年度降水、径流等自然因素的影响，不能反映整个地区的排污状况，并且很难找到与其统计口径相匹配的经济变量数据。其二，通过废水排放数据反映。废水排放数据反映的是河流污染产生的原因，是造成河流污染结果的污染流量，是时期数。其优点在于能够排除自然因素对于结果的影响，准确反映一个地区整体的排污状况，并且容易找到与其统计口径相匹配的反映地区经济社会发展的统计数据。但缺点主要在于废水排放出口不仅限于河流，可能还包括湖泊排放、地下排放等，因此，结果上可能存在一定误差。但考虑河流是废水排放的主要出口，并且数据可得性、平稳性也相对较好，本书的实证研究部分将利用废水排放数据作为代理变量，近似反映一个地区河流污染情况。在现状描述部分，本书更多地采用水质断面调查数据，以更加直观地反映河流水体污染的现实状况。

二、协同治理

根据全球治理委员会（1995）的定义，治理是指"或公或私的个人和机构经营管理相同事务的诸多方式的总和"。与管理的概念相比较，治理更侧重依靠正式及非正式的制度安排，使得相关主体通过采取联合行动使相互冲突或不同的利益得以调和的过程。治理是存在于规制之间的制度安排，当两个或两个以上规制出现重叠和冲突时，或者在相互竞争的利益之间发生矛盾冲突时，协同治理是化解矛盾冲突的工具（Rosenau，2001）。治理所创造的规范或秩序并非来自于外部强加，主要源于相互发生影响的利益相关者之间的互动（Cullman，1993）。

治理本身就包含协同之意，即两个或两个以上个体通过合作共同完成某一目标的过程或行动。协同更加强调系统活动的有序性，因此协同治理是"覆盖个人、公共和私人机构，并管理他们共同事务的全部行动"，在"行动"过程中各种矛盾的利益和由此产生的冲突得到调和，进而在个体之间产生合作。

基于上述分析，河流污染的协同治理是指同处河流上下游的不同地区，在激励相容的机制安排下通过采取合作行动减少污染物排放的行为过程。

与一般通过指令控制进行的河流环境管理相比较，河流污染的协同治理至少存在以下差异：

（1）涉及的主体不同。河流环境管理一般是政府出台的，用于对污染行为进行约束的法规和政策。因此，河流环境管理一般仅限于某一地区或流域内部具有科层结构的上下级政府行政机构或相关政府部门与企业之间。协同治理是一种由共同目标支持的活动，因此，河流污染的协同治理一般不强调上下级的科层关系，而是存在于河流上下游地区同级的层级结构之间。即使河流污染的协同治理过程中出现上下级地区之间的关系，也更加突出上下级之间的互动，而不是对于河流环境的管理，更多地突出上级对于下级的单向作用。

（2）借助的手段不同。管理更多的是政府依靠法律或以法律为基础的手段，对于微观经济活动所进行的干预、限制或约束。因此，河流环境管理主要依靠"有形的手"去完成，更多地强调正式的规则。与之相对应，河流污染的协同治理主要依靠政府、非政府组织和私人机构通过协商、合作达成污染减排的行动目标。协同治理过程中，上一级政府的作用一般仅限于环境制度供给、政策激励以及在必要条件下对下级主体进行必要的惩罚。

（3）利益的分配不同。管理和协同治理从某种意义上讲，都是对相关主体间利益的再分配，出发点也都是能够使整体福利得到改进。但管理更多地通过行政手段，实现的福利改进既可能是帕累托改进，也可能是卡尔多—希克斯改进。因此，虽然河流环境管理初衷是通过政府的力量消除污染治理过程中的市场失灵，但具体到被管理的主体而言，其福利水平可能会出现下降。在河流污染协同治理过程中，由于更多地通过协商、合作共同处理污染减排问题，往往都是在上下游地区福利增进的基础上实现总体福利水平的提升，即上下游地区通过治理实现"双赢"。因此，河流污染的协同治理往往对应帕累托改进。

三、经济空间结构

经济空间结构的概念源于区域空间结构。所谓区域空间结构是指，特定的时空范围内自然、生态、社会、经济、文化等各种要素的空间组合，反映的是自然和人通过互动作用于特定区域的组合形式。经济空间结构是特定区域范围内经济活动主体及其相互之间联系的集合，是经济发展水平、产业结构、经济控制力等因素的综合反映。

一般情况下，经济空间结构由"点、轴、网、面"四大要素组成。所谓"点"，就是区域内进行经济活动的主体，并且这些主体之间往往应该是同位的，即地区与地区之间、企业与企业之间。所谓"轴"，就是经济活动主体之间的联系，既包括交通线等有形的联系，又包括经济贸易等无形的联系。所谓"网"，是由两个以上经济活动主体及相互之间经济联系组成的集合，较"轴"有着更为复杂的结构关系。所谓"面"，就是在经济活动主体足够密集和经济联系更为紧密条件下，由"网"组成的连续分布。经济空间结构中的"网"和"面"在某种意义上可视作同一个意思，离散分布即为"网"，连续分布即为"面"。

由于在地理位置、经济水平等方面存在的差异以及在商品、要素流动等方面产生的联系，区域间往往形成差异化的经济空间结构。现实中，差异化的经济空间结构作为前置条件引致出地区之间差异化的经济行为与政策选择。

第四节 研究框架

本书共设计了理论分析与现状描述、海河流域案例分析、研究结论与政策措施三个单元，具体研究框架如图 1-2 所示。

第一单元，理论分析与现状描述。该单元从经济学视角对于污染协同治理问题进行了重新审视，并对中国主要河流的污染现状及污染物排放的空间相关性进行了描述性分析，最后运用演化博弈模型对不同空间结构下河流污染治理行为的稳态均衡结果进行了考察。该单元分别对应本书的第二章、第三章、第四章。

第二单元，海河流域案例分析。该单元首先基于实证数据分别对海河流域主要河流的污染现状和流域 25 个主要城市的经济空间结构进行了评价，其次在此基础上通过实证模型考察了经济空间结构与海河流域污染减排协同性之间的关系，最后研究了环境规制的减排效果是否会因经济空间结构的差异而有所差异。该单元分别对应本书的第五章、第六章、第七章、第八章。

第三单元，研究结论与政策措施。该单元主要是对前文主要研究结论的归纳和总结，并基于此从经济空间结构视角以及激励机制、惩罚机制、合作机制三个层面提出实现河流污染协同治理的政策措施。该单元主要对应本书的第九章。

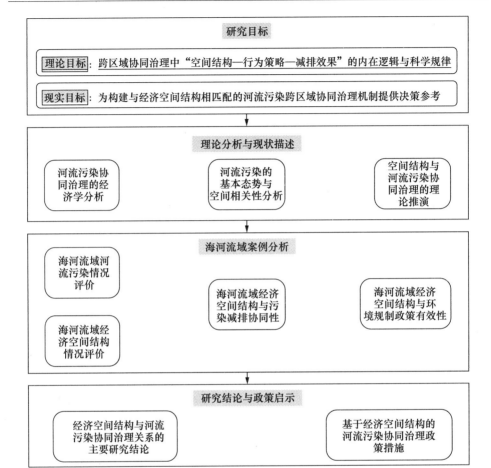

图1-2　本书研究框架

第二章　河流污染协同治理的经济学分析

第一节　排污权属性的经济学分析

一、河流排污权的产品属性

产品属性是产品性质的集合。如表 2 - 1 所示，按照排他性和争用性划分，可将产品划分为私用品、俱乐部品、"公地"品和共用品。其中，私用品具有排他性和争用性。排他性意味着产品的产权能够以零成本或较低的成本得以清晰地界定、保护和享有收益，争用性意味着产权所有者与产品有关的边际成本将随着其他非产权人的使用而出现增加。一般情况下，大多数兼具排他性和争用性的产品都可归为私用品一类，基本不会存在市场失灵现象。俱乐部物品的特点具有排他性，即存在一定的准入"门槛"，但不具有争用性，具体如知识产权、电视信号、非拥挤的高速公路等。"公地"品的特点在于产品是"争用的"，一方对于产品的使用将增加其他方使用产品的边际成本。但往往由于产权没有界定或界定成本过高，对于使用方使用"公地"品的数量是难以控制的，经常会造成"公地悲剧"。具体如鱼塘的捕捞和草原的放牧等。共用品即不能排他，又不存在争用，因此经济理性的私人主体一般不乐于提供，如国防、灯塔等。对于共用品，市场往往是失灵的，传统观点认为须由政府提供产品的供给。

表 2 - 1　产品属性的分类

属性	排他性	非排他性
争用性	私用品（多数产品）	"公地"品（鱼塘、草原）
非争用性	俱乐部品（IPR、电视信号）	共用品（国防、灯塔）

一般认为，产品属性由产品自身的性质所决定，但制度外力也可以使产品属性在不同类型中转换。如对于一般的道路而言，其具有非排他性和非争用性，传统认为属于共用品。但是如果对道路的使用权设限，如中国的高速公路，则在非拥挤状态下具有俱乐部品属性，在拥挤状态下具有私用品属性。

河流污染协同治理的本质是通过上下游地区的"共治"减少河流中的污染物排放，进而达成环境改善之目的。协同治理的关键是对河流的排污权进行有效管控。排污权归属于产权的一种，在本质上与一般产品的产权没有区别，都是一种不受干扰的使用并可带来收益的权力。与很多产品的产权属性相类似，河流污染物排放权利也可随着相关权利自身的性质和制度安排的改变而变化。

一方面，如果上下游地区对于河流的污染物排放总量 q 低于河流的自净能力 s，则污染物的排放具有非争用性；反之则具有争用性。另一方面，如果河流的排污权能够在上下游地区间得到有效的界定，在不存在排污权交易的情况下，上游地区的排污权数量为 $q_1 = k$（k 为常数），下游地区的排污权为 $q_2 = q - k$，此时认为污染物的排放具有排他性。反之，如果河流的排污权没有得到有效的界定，则上游地区和下游地区将按照各自利益最大化原则决定排污量，即对上游地区存在与其自身利润相关的函数 $q_1 = f(\pi_1)$，对下游地区存在 $q_2 = f(\pi_2)$，此时认为污染物的排放不具有排他性。

二、河流排污权的产品属性与排污强度

如表 2 - 2 所示，河流的排污权可能存在四种属性，并对应排放强度的三个阶段。

表 2-2 河流排污权属性的分类

属性	排他性	非排他性
争用性	私用品 $(q>s, [q_1=k, q_2=q-k])$	"公地"品 $(q>s, [q_1=f(\pi_1), q_2=f(\pi_2)])$
非争用性	俱乐部品 $(q<s, [q_1=k, q_2=q-k])$	共用品 $(q<s, [q_1=f(\pi_1), q_2=f(\pi_2)])$

（1）第一阶段：共用品阶段。在此阶段，排污权没有得到界定，上下游地区都可以按照自身利润最大化的原则选择任意的排污数量，因此，上下游地区对于排污权的使用都没有排他性。但与此同时，由于生产活动产生的污染物排放相对有限，往往低于河流的自净能力，污染物排放行为不具有争用性，污染行为不会对河流生态和他人利益产生根本性影响，整体环境基本仍可处于"田园牧歌"的良好状态。此时，污染物排放权具有共用品属性。

（2）第二阶段："公地"品阶段。在此阶段，一方面河流的排污权仍处于未界定状态，上下游地区仍按照利润最大化原则任意地实施排污行为。但与此同时，随着社会生产力的发展，上下游地区对于河流的排污数量持续增加，超过了河流的自净能力，污染物的排放产生了争用性。此时，污染物排放权具有"公地"品性质，"公地悲剧"随之发生。此阶段处于河流污染最严重的时期。

（3）第三阶段：私用品阶段。在此阶段，或者通过上下游地区自由谈判达成排污权分配契约，或者政府通过有形的手将排污权在上下游地区安排分配，在总量控制的前提下使河流污染物排放权在上下游地区之间得到有效界定，并在此基础上通过创建市场使排污权能够进行交易。在产权得到有效界定和保护的条件下，河流排污权同时兼有了排他性和争用性。此时，类似于一般的私人物品，市场资源配置的基本功能得以有效发挥，排污总量得以有效控制，从而达成更高经济和社会发展水平下的"田园牧歌"状态。因此，产权路径被普遍认为是解决环境污染问题的有效手段，也是市场激励型环境规制政策的思想根源。

河流污染物排放权制度演化过程对应污染强度变化的三个阶段。如图 2-1 所示，初始阶段，随着生产力发展水平的提高，河流中的污染物排放量超过河流自身的自净能力，河流生态环境质量逐步恶化。但伴随着制度的改进，排污权逐步得到明确，污染物排放总量出现下降。整体而言，河流排污强度随着制度的演进呈现"先升后降"的倒"U"型曲线关系。

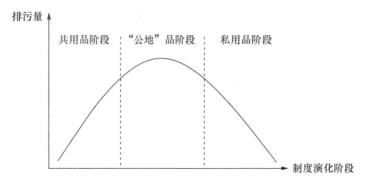

图 2 - 1   不同制度安排下河流排污权属性演化的三个阶段

三、河流排污权的产品属性与排他成本

市场对于私用品进行有效配置的前提之一是相关产权能够以零成本或者是相对较低的成本得到不被干扰的利用。产权能够不被干扰利用的程度又与产权保护强度相关。如图 2 - 2 所示，产权排他成本 EC 与产权保护强度 RI 之间存在 $\dfrac{dEC}{dRI} > 0$，相关产权被侵害所遭受的损失 DL 与产权保护强度 RI 之间存在 $\dfrac{dDL}{dRI} < 0$。产权所有人将在增加保护强度以降低权利受侵损失与减少保护强度以降低排他成本之间进行权衡，并在 $\dfrac{dEC}{dRI} = \dfrac{dDL}{dRI}$ 处达到均衡强度 ri^{*}。产权保护强度与排他成本之间呈现反向变动关系。在图 2 - 2 中，如果排他成本上升至 EC'，则产权人将会降低产权保护强度至 ri^{**}。

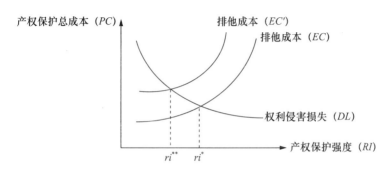

图 2 - 2   均衡产权保护强度的形成及其变化

进一步地，如图 2 – 3 所示，产权保护强度 RI 又决定着产权保护的有效性 PE。并且存在如式（2 – 1）所示关系：

$$PE = \begin{cases} f(RI), & PE > pe^* \\ 0, & PE \leqslant pe^* \end{cases} \tag{2 – 1}$$

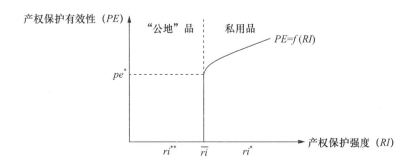

图 2 – 3 产权保护强度、保护有效性与产品属性关系

式（2 – 1）意味着产权保护有效性水平 PE 如果超过了保持私用品属性所需要的临界水平 pe^*，即存在 $PE > pe^*$，则该产品将具有私用品属性。此时，该产品产权保护的有效性 PE 是关于保护强度 RI 的函数，并且存在 $\dfrac{dPE}{dRI} > 0$。反之，产权保护有效性水平 PE 如果低于了保持私用品属性所需要的临界水平 pe^*，即存在 $PE \leqslant pe^*$，即使产权所有人为保护产权有所付出，产权保护的有效性也存在 $PE = 0$。此时，河流排污权沦为"公地"品。因此，结合图 2 – 2 和图 2 – 3，在排他成本处于较低的 EC 水平时，均衡的产权保护强度 ri^* 超过产权临界有效性水平所需的保护强度 $\overline{ri}$，河流排污权处于私用品状态，通过市场化的手段可以较为有效地解决河流污染的治理问题。随着排他成本提升至 EC' 水平，均衡保护强度下降至 ri^{**}，并存在 $ri^{**} < \overline{ri}$，则 $PE = 0$，河流排污权处于"公地"品状态，河流污染的协同治理也就难以实现。

实现河流污染协同治理的关键一环是上下游地区能够对排放权进行低成本的有效界定和保护。否则，河流污染的治理又会陷入"公地悲剧"的困境。但关键问题是，河流污染排放权的排他成本往往是较高的，这也是河流污染实现协同治理困难的主要原因之一。对于河流沿岸的某一地区 i，如果其获得的污染物排放权为 D_i，在本地区生产过程中消耗了 d_i，那么可供出售的排污权就应该为

$(D_i - d_i)$。此时，如果排污权是可以出售的，出售价格为 p，则其出售剩余排污权对应的收益为 $TR_i = p(D_i - d_i)$。与此同时，假设为了保护排污权不受机会主义行为侵害需要支付的排他成本为 ec_i，则该地区与此相关的净收益 π_i 如式（2-2）所示：

$$\pi_i = p(D_i - d_i) - ec_i D_i \qquad (2-2)$$

当且仅当 $\pi_i > 0$ 时，该地区才会对排污权进行保护，排污权也才能够得到有效的利用。因此，由式（2-2）解得式（2-3）：

$$ec_i < \frac{p(D_i - d_i)}{D_i} \qquad (2-3)$$

式（2-3）说明，要通过保证排放权的私用品属性进而实现河流污染的协同治理，该地区的单位排他成本就必须限定在范围 $\left[0, \frac{p(D_i - d_i)}{D_i}\right)$ 之内。该范围上限主要受到排污权可出售价格、地区初始排污权拥有量和排污权技术利用效率三方面因素的制约。

（1）排污权可出售价格。排污权可出售价格主要由排污权的供求关系决定。供求关系主要受排污权总量控制指标 $D = D_i + D_{-i}$ 和上下游地区消耗的排污权数量 $d = d_i + d_{-i}$ 的影响。[①] 因此，一般有 $p = p(D, d)$。由式（2-3）可知，$\frac{\partial ec_i}{\partial p} = \frac{(D_i - d_i)}{D_i} > 0$。因此，随着排污权可出售价格 p 的上升，可接受的排他成本上限就上升。实际上，上述结果从另一个侧面表明，只有有价值的产权才能够得到充分的保护。

（2）地区初始排污权拥有量。对于 i 地区而言，D_i 一般是外生的，往往由环保部门核定的排污权总容量 D 和 i 地区所拥有的配额比例 $\frac{D_i}{D}$ 决定。排污权总容量 D 的影响比较复杂：一方面，排污权总容量 D 的增加有利于 i 地区获得更多的剩余排污权在市场出售；另一方面，由排污权总容量 D 增加引起的剩余排污权供给量 $(D - d)$ 的增加将使交易的排污权价格 p 下降，进而不利于排污权交易价格的维持。对于特定 i 地区所拥有的排污权，由式

---

① D_{-i} 和 d_{-i} 分别表示除 i 地区之外其他地区分配得到的排污权指标和实际消耗的排污权数量。在河流污染协同治理过程中，如果 i 地区代表上游，则 $-i$ 地区将表示下游；反之亦然。

（2－3）可知，存在 $\frac{\partial ec_i}{\partial D_i} = \frac{pd_i}{D_i^2} > 0$。因此，$i$ 地区所获得的排污权容量 D_i 与该地区的单位排他成本上限之间呈现同向变动关系。随着 i 地区拥有排污权容量的上升，其为保持排污权具有私用品属性可接受的排他成本也就相应增加。

（3）排污权的技术利用效率。i 地区能够在排污权市场上出售的排污权数量除受本地区既有排污权容量 D_i 的影响之外，还受其自身在生产过程中消耗的排污权 d_i 的影响。由式（2－3）可知，$\frac{\partial ec_i}{\partial d_i} = -pD_i < 0$。因此，有效地控制生产中排污权的消耗，有利于 i 地区接受更高的排他成本。影响生产过程中消耗的排污权 d_i 的主要因素在于该地区排污权的技术利用效率 φ_i。因为存在 $\frac{\partial d_i}{\partial \varphi_i} < 0$，所以也就有 $\frac{\partial ec_i}{\partial \varphi_i} > 0$。可见，如果排污权的私用品属性能够得到有效的保护，就可以倒逼污染地区提高其自身排污权的利用效率，该地区也就能够接受更高的排他成本。反过来，排污权的私用品属性也就更能以更高的概率得以保持。同时，相关地区提升排污权技术利用效率的行为也是与实现河流污染协同治理的初衷是相契合的。

综上所述，通过市场激励型环境规制政策保证河流污染协同治理得以实现的关键问题之一是河流排污权属性的安排。或者说，具有排他性和争用性属性的排污权是保证协同治理得以实现的重要前提。在排污总量成果河流自净能力的条件下，排污权本身自动具有争用性。因此，保证排污权具有私用品属性的关键是对其排他性的保护，这个过程的关键河流排污权使用过程中的排他成本。如果排他成本过高，相关地区将放弃对于排污权的保护而使得河流污染行为重现"公地悲剧"的困境。在其他条件不变的情况下，排污权可供出售价格、初始排污权拥有量和排污权技术利用效率是影响排他成本的重要因素。其中，排污权可供出售价格越高，初始排污权拥有量越大，排污权技术利用越有效率，相关地区可接受的排他成本上限也就越高，河流排污权的私用品属性也就越容易保持，协同治理实现的可能性也就越大。

第二节　技术利用效率的经济学分析

一、研究的基本假定

河流污染协同治理过程中，上下游地区之间排污权技术利用效率上的差异可能会影响排污行为的选择，进而对协同治理效果和双方的福利水平产生影响。为研究河流污染协同治理过程中排污权技术利用效率差异对于上下游地区污染物排放水平、产出行为和福利水平的影响，有如下假设：

（1）上游地区 i 和下游地区 j 产出相同产品，由此面临着同样的线性需求曲线 $p = \alpha - \beta(q_i + q_j)$。上下游地区都是在已知对方污染物排放量的情况下，确定能够给自己带来最大利润的产出。此外，上游地区从事生产活动的成本为 $c_i = \gamma + \delta q_i$，利润为 $\pi_i = pq_i - c_i$；下游地区从事生产活动的成本为 $c_j = \gamma + \delta q_j$，利润为 $\pi_j = pq_j - c_j$。

（2）除污染物排放上的差异外，上下游地区生产过程的其他要素投入无差异。因此，上下游地区的产出水平仅仅是污染物排放量的函数，并以线性的形式决定产出，因此存在 $q = \varphi x$。其中，x 为生产过程中污染物的排放量，φ 为排污权的技术利用效率。φ 越大，单位污染物排放的产出水平就越高。

二、不考虑排他成本条件下的分析

如果上下游地区在排污权的使用过程中不存在排他成本，双方可根据利润最大化原则各自选择合适的污染物排放。上游地区 i 的污染物排放量为 x_i，下游地区 j 的污染物排放量为 x_j。基于研究的基本假设，存在以下最优化问题，如式（2-4）所示：

$$\begin{cases} p = \alpha - \beta(q_i + q_j) \\ c_i = \gamma + \delta q_i \\ c_j = \gamma + \delta q_j \\ q_i = \varphi_i x_i \\ q_j = \varphi_j x_j \\ \pi_i = p q_i - c_i \\ \pi_j = p q_j - c_j \end{cases} \tag{2-4}$$

对式（2-4）求解利润最大化条件，解得上游地区 i 和下游地区 j 各自利润最大化条件下的污染物排放量 x_i 和 x_j。结果分别为如式（2-5）和式（2-6）所示：

$$x_i = \frac{\alpha - \delta}{3\beta\varphi_i} \tag{2-5}$$

$$x_j = \frac{\alpha - \delta}{3\beta\varphi_j} \tag{2-6}$$

通过比较两式可得到如下结论：上下游地区的污染物排放量与自身排污权的技术利用效率相关，且存在 $\dfrac{x_i}{x_j} = \dfrac{\varphi_j}{\varphi_i}$。也就是说，在不考虑排他成本的条件下，为了追求自身的利润最优，相关地区将不得不通过扩大向河流中的污染物排放量来弥补技术差异给自身造成的福利损失，进而对河流污染协同治理目标的实现产生不利影响。

在此基础上，对式（2-4）求解利润最大化条件，还可解出上游地区 i 和下游地区 j 各自的产出 q_i 和 q_j，以及总产出水平 Q，如式（2-7）、式（2-8）和式（2-9）所示：

$$q_i = \frac{\alpha - \delta}{3\beta} \tag{2-7}$$

$$q_j = \frac{\alpha - \delta}{3\beta} \tag{2-8}$$

$$Q = q_i + q_j = \frac{2(\alpha - \delta)}{3\beta} \tag{2-9}$$

进一步解得商品的价格为 $p = \alpha - \beta(q_i + q_j) = \dfrac{\alpha + 2\delta}{3}$。同时，上游地区 i 和下游地区 j 具有相等的利润水平 $\pi_i = \pi_j = \dfrac{(\alpha - \delta)^2}{9\beta} - \gamma$。需要注意的是，上下游地区

相关产品的产量和利润水平都与排污权技术利用效率 φ 无关。因此，即使通过提高 φ 可以减少对河流的污染物排放，任何地区也都没有采取此项行为的动机。

三、考虑排他成本条件下的分析

现实中，产权所有者为了保护产权能够被尽可能无干扰地使用，都会为此支付一定的排他成本，如对于河流沿岸企业排污的监督成本等。假设上下游地区为了保护排污权需要支付每单位 ρ 的排他成本，则 ρ 将进入相关地区的成本函数。此时，最优化问题如式（2-10）所示：

$$
\begin{cases}
p = \alpha - \beta(q_i + q_j) \\
c_i = \gamma + \delta q_i \\
c_j = \gamma + \delta q_j \\
q_i = \varphi_i x_i \\
q_j = \varphi_j x_j \\
\pi_i = pq_i - c_i - \rho x_i \\
\pi_j = pq_j - c_j - \rho x_j
\end{cases}
\tag{2-10}
$$

对式（2-10）求解利润最大化条件，解得上游地区 i 和下游地区 j 考虑排污权排他成本之后最优的污染物排放量分别为如式（2-11）和式（2-12）所示：

$$
x_i = \frac{\alpha - \delta}{3\beta\varphi_i} + \frac{(\varphi_i - 2\varphi_j)\rho}{3\beta\varphi_i^2\varphi_j}
\tag{2-11}
$$

$$
x_j = \frac{\alpha - \delta}{3\beta\varphi_j} + \frac{(\varphi_j - 2\varphi_i)\rho}{3\beta\varphi_i\varphi_j^2}
\tag{2-12}
$$

比较可知，上游地区 i 如果在最优条件下存在污染物排放量的减少，必然有式（2-11）小于式（2-6），即 $\frac{(\varphi_i - 2\varphi_j)\rho}{3\beta\varphi_i^2\varphi_j} < 0 \Rightarrow \varphi_i < 2\varphi_j$；同理，对于下游地区 j，必然有 $\frac{(\varphi_j - 2\varphi_i)\rho}{3\beta\varphi_i\varphi_j^2} < 0 \Rightarrow \varphi_i > \frac{1}{2}\varphi_j$。由此推知，相对于未考虑排污权排他成本的状态，此时存在排污量的下降，具体条件如式（2-13）所示：

$$
\frac{1}{2}\varphi_j < \varphi_i < 2\varphi_j
\tag{2-13}
$$

式（2-13）意味着上下游地区排污权技术利用效率差距如果过大，将不利于河流污染的协同治理。因此，通过排污技术上的"互帮互学"可以有效地对双方排污行为进行控制，进而实现河流污染协同治理目标。这个过程本身，也恰恰体现了河流污染治理过程中"协同共赢"的思想核心。

进一步地，对式（2-10）求解利润最大化条件，解得上游地区 i 和下游地区 j 考虑排污权排他成本之后各自的最优产出和总产出，分别如式（2-14）、式（2-15）和式（2-16）所示：

$$q_i = \frac{\alpha - \delta}{3\beta} + \frac{(\varphi_i - 2\varphi_j)\rho}{3\beta\varphi_i\varphi_j} \tag{2-14}$$

$$q_j = \frac{\alpha - \delta}{3\beta} + \frac{(\varphi_j - 2\varphi_i)\rho}{3\beta\varphi_i\varphi_j} \tag{2-15}$$

$$Q = q_i + q_j = \frac{2(\alpha - \delta)}{3\beta} - \frac{(\varphi_i + \varphi_j)\rho}{3\beta\varphi_i\varphi_j} \tag{2-16}$$

将式（2-16）与式（2-9）比较，显然由于排他成本的存在，上下游地区的总产出有所下降。并且，由于式（2-16）存在 $\frac{\partial Q}{\partial \rho} = -\frac{(\varphi_i + \varphi_j)}{3\beta\varphi_i\varphi_j}$，因此排他成本 ρ 越大，总产出水平就越低。与此同时，商品价格为 $p = \alpha - \beta Q = \frac{\alpha + 2\delta}{3} + \frac{(\varphi_i + \varphi_j)\rho}{3\varphi_i\varphi_j}$。需要注意的是，考虑排他成本之后，所有地区自身的最优产出和总产出水平均是关于其自身排污权技术利用效率 φ_i 或 φ_j 的函数，这也就意味着河流的上下游地区都具有提高环境资源利用效率的动机。

四、结果的比较及其结论

表2-3显示了考虑排污权的排他成本前后，上下游地区在河流污染过程中污染物排放数量、产出水平以及两个地区总产出的变化。通过比较可以得到如下结论：

表2-3 排污权技术利用效率影响的比较

比较维度	上游排污水平	下游排污水平	上游产出水平	下游产出水平	总产出水平
不存在排他成本	$\dfrac{\alpha - \delta}{3\beta\varphi_i}$	$\dfrac{\alpha - \delta}{3\beta\varphi_j}$	$\dfrac{\alpha - \delta}{3\beta}$	$\dfrac{\alpha - \delta}{3\beta}$	$\dfrac{2(\alpha - \delta)}{3\beta}$

比较维度	上游排污水平	下游排污水平	上游产出水平	下游产出水平	总产出水平
存在排他成本	$\dfrac{\alpha-\delta}{3\beta\varphi_i}+$ $\dfrac{(\varphi_i-2\varphi_j)\rho}{3\beta\varphi_i^2\varphi_j}$	$\dfrac{\alpha-\delta}{3\beta\varphi_j}+$ $\dfrac{(\varphi_j-2\varphi_i)\rho}{3\beta\varphi_i\varphi_j^2}$	$\dfrac{\alpha-\delta}{3\beta}+$ $\dfrac{(\varphi_i-2\varphi_j)\rho}{3\beta\varphi_i\varphi_j}$	$\dfrac{\alpha-\delta}{3\beta}+$ $\dfrac{(\varphi_j-2\varphi_i)\rho}{3\beta\varphi_i\varphi_j}$	$\dfrac{2(\alpha-\delta)}{3\beta}-$ $\dfrac{(\varphi_i+\varphi_j)\rho}{3\beta\varphi_i\varphi_j}$

（1）不考虑排他成本的条件下，相关地区污染物排放量与排污权技术利用效率呈现反向变动，排污权技术利用效率越低的地区污染物排放数量越高。

（2）不考虑排他成本的条件下，相关地区各自的产出水平和总产出水平与排污权技术利用效率无关，因此也就没有改进排污权技术利用效率以增进自身福利水平的动机。

（3）考虑排他成本的条件下，相关地区污染物排放数量与排污权的排他成本相关，并与排他成本呈现同方向变动。

（4）考虑排他成本的条件下，相关地区的最优产出水平、总产出水平都与其自身排污权技术利用效率有关，因此也就具有改进排污权技术利用效率以增进自身福利水平的动机。

（5）考虑排他成本的条件下，当上下游地区排污权技术利用比较效率接近时，会产生排污数量的减少，因此通过技术交流减少排污权技术利用效率的差异是实现河流污染协同治理的关键。

第三节 外部性影响的经济学分析

一、河流污染协同治理过程中的外部性

当一个经济主体的行为对另一个主体福利产生的影响并没有通过市场价格或经济补偿的方式予以反映，进而导致私人边际收益与社会边际成本不相等时，就会产生外部性。外部性可划分为生产外部性和消费外部性，其中，前者是解释环

境污染问题的最为经典理论。假设生产者 A 的成本函数为 $c_1 = c_1(q_1, q_2)$，生产者 B 的成本函数为 $c_2 = c_2(q_1, q_2)$。其中，q_1 和 q_2 分别代表生产者 A 和生产者 B 产出商品的数量。资源争夺过程中，如果由于一方产量的增加将导致另一方可利用资源的减少，则存在 $\frac{\partial c_1}{\partial q_1} > 0$，$\frac{\partial c_1}{\partial q_2} > 0$，$\frac{\partial c_2}{\partial q_2} > 0$，$\frac{\partial c_2}{\partial q_1} > 0$。其中，$\frac{\partial c_1}{\partial q_2} > 0$ 和 $\frac{\partial c_2}{\partial q_1} > 0$ 反映了生产过程中的外部不经济。此时，社会的生产总成本为 $C = c_1 + c_2 = c_1(q_1, q_2) + c_2(q_1, q_2)$。如果产出商品价格为 p，则社会总利润为 $\pi = p(q_1 + q_2) - c_1(q_1, q_2) - c_2(q_1, q_2)$。对于社会整体而言，最优条件如式（2 – 17）和式（2 – 18）所示：

$$\frac{\partial \pi}{\partial q_1} = p - \frac{\partial c_1}{\partial q_1} - \frac{\partial c_2}{\partial q_2} = 0 \qquad (2 - 17)$$

$$\frac{\partial \pi}{\partial q_2} = p - \frac{\partial c_1}{\partial q_2} - \frac{\partial c_2}{\partial q_2} = 0 \qquad (2 - 18)$$

显然，社会最优条件与 A、B 两个生产者各自的最优条件 $p - \frac{\partial c_1}{\partial q_1} = 0$ 和 $p - \frac{\partial c_2}{\partial q_2} = 0$ 是不相容的。

在河流污染过程中，上游地区具有区位优势，其生产过程的污染行为往往对下游地区产生负外部性影响。反之，下游地区的排污行为则对上游地区不会产生影响。因此，对于上游 A 地区而言，其遭受的水污染损失为 $L_u = L_u[P_u(q_u)]$；对于下游地区而言，其遭受的水污染损失为 $L_d = L_d[P_d(q_d), P_u(q_u)]$。其中，$P_u(\cdot)$ 和 $P_d(\cdot)$ 分别表示上下游地区的污染物排放量，在技术水平既定的条件下是关于本地区产出水平 q_u 和 q_d 的函数。由于存在 $\frac{\partial L_u}{\partial P_u} > 0$ 和 $\frac{\partial P_u}{\partial q_u} > 0$，因此对于 $L_u(\cdot)$ 求偏导存在 $\frac{\partial L_u}{q_u} = \frac{\partial L_u}{\partial P_u} \frac{\partial P_u}{\partial q_u} > 0$，即上游地区产出水平的增加将带来本地区对于河流污染物排放水平的增加，进而恶化本地区的水环境质量。同理，对于 $L_d(\cdot)$ 求偏导存在 $\frac{\partial L_d}{q_d} = \frac{\partial L_d}{\partial P_d} \frac{\partial P_d}{\partial q_d} > 0$，即下游地区产出水平的增加也会带来本地区污染物排放水平的增加和环境质量的恶化。更为关键的是，由于外部性的存在有 $\frac{\partial L_d}{\partial P_u} > 0$，对于偏导数则存在 $\frac{\partial L_d}{q_u} = \frac{\partial L_d}{\partial P_u} \frac{\partial P_u}{\partial q_u} > 0$，即上游产出水平的增加造成下游地区环境质量的恶化。或者说，下游地区将遭受来自于本地区和上游地区的"双重污染"。

与之相对应的是，上游地区削减产量的行为不仅会减少本地区的污染水平，也会对下游地区产生外部性影响。[①] 在河流污染协同治理框架下，下游地区可以通过经济补偿的方式减少上游地区污染物排放，经济补偿的规模至少应该等于削减污染品产量的上游地区所遭受到的经济损失，其在供求曲线上应有如图 2 – 4 表达。

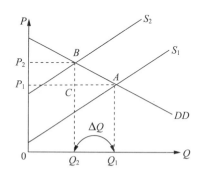

图 2 – 4　上游地区控制产出规模引起的供求曲线变化

假设上游地区产出商品的需求曲线为 DD，供给曲线为 S_1，均衡产量和均衡价格分别为 Q_1 和 P_1。在技术水平不变的条件下，上游地区就必须通过控制产量减少污染外部性影响。假设上游地区有意愿减少 ΔQ 单位的产量，导致供给曲线由 S_1 左移至 S_2。此时，上游地区的均衡产量和均衡价格分别为 Q_2 和 P_2。在不考虑其他成本条件下，上游地区每减少一单位产出的损失就是产品的价格。因此，减少 ΔQ 单位产量而减少的收益在图 2 – 4 中表现为 Q_1Q_2BA 的面积。对于 Q_1Q_2BA 存在，如式（2 – 19）所示：

$$Q_1Q_2BA = Q_1Q_2CA + ABC = \Delta Q \times P_1 + \frac{1}{2} \times \Delta Q \times (P_2 - P_1) \qquad (2 - 19)$$

经整理，由式（2 – 18）可得到，如式（2 – 20）所示：

$$Q_1Q_2BA = \Delta Q \times \left(P_1 + \frac{1}{2} \times P_2 - \frac{1}{2} \times P_1 \right) = \frac{1}{2}\Delta Q(P_1 + P_2) = \frac{1}{2}\Delta Q \overline{P} \quad (2 - 20)$$

对于式（2 – 20）也可以表示为 $\frac{1}{2}\eta \overline{Q} \Delta P$。其中，$\overline{Q} = Q_1 + Q_2$，$\eta$ 代表上游地

---

　　① 反之，上游地区提高产出就会增加污染物的排放，可以对下游地区产生外部不经济。外部经济和外部不经济是相互对偶的问题，但此处仅对外部经济行为进行讨论，外部不经济行为从略。

区在产量 Q_1 和产量 Q_2 之间需求弹性，这是由需求弹性定义 $\eta = \dfrac{\Delta Q}{\Delta P} \dfrac{\overline{P}}{\overline{Q}}$ 推导出的。

$\dfrac{1}{2}\eta\overline{Q}\Delta P$ 就是上游地区通过控制产量减少污染物排放而应获取的经济补偿规模。

二、外部性强度与经济补偿规模

在河流污染协同治理过程中，经济补偿规模主要取决于以下与经济空间结构有关的影响因素。

1. 商品的需求弹性

因为上游地区控制产出所减少的福利水平等于 $\dfrac{1}{2}\eta\overline{Q}\Delta P$，所以经济补偿的规模首先取决于该地区所生产商品的需求弹性系数 η。η 越大，经济补偿的规模就应该越大；反之，η 越小，经济补偿的规模就应该越小。

此外，经分析可以容易得出，在影响经济补偿规模的三个变量 η、$\overline{Q}$ 和 ΔP 中，需求弹性 η 是核心因素。因为，η 将决定产量变化前后均衡数量的均值 $\overline{Q}$ 和价格的变化量 ΔP。考虑两种极端情况：如果上游地区产出商品完全富于弹性，则 $\eta \to \infty$，如图 2-5（1）所示，为实现上下游地区对于河流污染的协同治理，上游地区应获得的经济补偿规模 Q_1Q_2BA 达到最大值（表现为 Q_1Q_2BA 的面积）；反之，如果产出商品完全缺乏弹性，即存在 $\eta = 0$，如图 2-5（2）所示，因外部性应给予经济补偿规模为 0（表现为 Q 没有产生移动）。在非极端情况下，经济补偿规模将随着上游地区产出商品需求弹性的增加而增加。

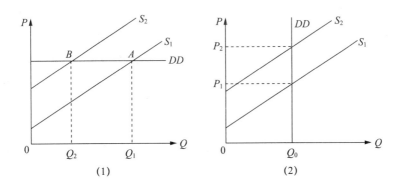

(1)　　　　　　　　　　　　　(2)

图 2-5　商品的需求弹性与经济补偿规模

2. 商品的供给弹性

在河流污染协同治理过程中，上游地区因减少产出而应获得的经济补偿规模除受地区本身产出商品的需求弹性影响之外，还受制于其自身供给弹性的影响。如图2－6（1）所示，当商品的供给弹性较小时，供给曲线较为陡峭，上游地区因产出水平下降而遭受的损失相对较小（表现为Q_1Q_2BA的面积较小），经济补偿规模也就较小。反之，如图2－6（2）所示，当商品的供给弹性较大时，供给曲线较为平缓，上游地区因产出水平下降而遭受的损失相对较大（表现为Q_1Q_2BA的面积较大），经济补偿规模也就较大。

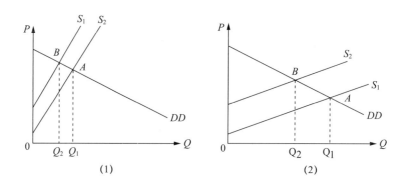

图2－6　商品的供给弹性与经济补偿规模

3. 污染要素的产出弹性

如果将污染物的排放视作企业生产过程的必要要素投入，则在上游地区生产过程中污染要素的投入还会通过影响$\overline{Q}$对河流污染协同治理过程中的经济补偿规模产生影响。如图2－7（1）所示，如果污染要素的产出弹性较大，单位污染要素投入量的减小将引起上游地区产出水平大幅下降，导致ΔQ以一个较大的幅度向左移动，上游地区遭受的经济损失也就较大（表现为Q_1Q_2BA的面积较大），经济补偿规模也就较大。反之，如图2－7（2）所示，如果水资源的产出弹性较小，单位污染要素投入量的减小将引起上游地区产出水平小幅下降，导致ΔQ以一个较小的幅度向左移动，上游地区遭受的损失也就较小（表现为Q_1Q_2BA的面积较小），经济补偿规模也就较小。因此，污染要素的产出弹性与经济补偿规模成同向变动。

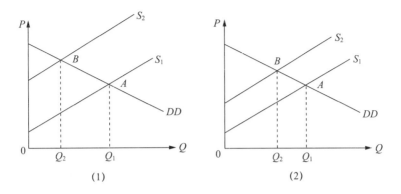

图 2 - 7　污染要素的产出弹性与经济补偿规模

因此，河流污染协同治理过程中，外部性强度决定了经济补偿规模：上游地区减少以污染要素为投入的商品产出，都是一种具有正外部性的行为，也都应该给予该地区以经济补偿。否则，上游地区没有减少污染要素的行为动机，河流污染的协同治理也就难以达成。经济补偿规模与产出商品的需求弹性、供给弹性、污染要素的产出弹性等因素有关，并与三者均呈现同向变动关系。也就是说，商品的需求弹性、供给弹性、污染要素的产出弹性越大，河流污染协同治理过程中对于上游地区的正外部性也就越强，经济补偿规模也就应该相应增加。反之亦然。

第四节　福利影响的经济学分析

一、两种福利状态

基于福利经济学视角，一项政策、制度的出台或一项交易的达成可能对应两种福利状态的改变：帕累托改进和卡尔多—希克斯改进。其中，前者是指在任何人福利没有变坏的条件下，群体中至少一个人的福利状态变好，进而群体总体福利增加；后者是指在可能对部分人的福利产生损害的条件下，群体中其他人的福利状态变好，最终群体总福利增加。如果帕累托改进的可能性不存在了，则对应的是帕累托最优状态；如果卡尔多—希克斯改进的可能性不存在了，则对应的是卡尔多—希克斯最优状态。相对而言，卡尔多—希克斯最优是相对宽松的福利状态。

二、资源配置手段与福利状态

资源配置的根本目的是达成整体福利的增进。资源配置对应两种手段：以政府命令为主导的指令控制型手段和以谈判议价为主导的市场激励型手段。并且，不同资源配置手段对应的福利状态往往是不同的。

假设对于某项资源，存在 A 和 B 两个交易主体，并且交易主体 B 的资源利用效率高于 A。具体来看，交易主体 A 利用单位资源的产出（福利）为常数 I，交易主体 B 利用单位资源的产出（福利）为 φI，并且存在 $\varphi > I$。在不考虑主体之间经济补偿的情况下，如果主体 A 将一单位的资源交与 B 使用，则主体 A 的福利变化为 $\Delta W_A = -I$，B 的福利变化为 $\Delta W_B = \varphi I$，总体福利的变化为 $\Delta W = \Delta W_B - \Delta W_A = (\varphi - 1)I$。具体如图 2-8 所示，$ab$ 为交易主体 A 的福利损失量，ac 为交易主体 B 的福利增加量，bc 为整体福利的增加量。并且，φ 越大，ΔW_B 和 ΔW 就越大，即资源重新配置所获得的福利改进空间就越大。

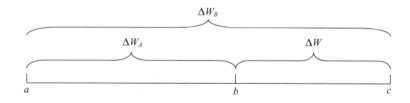

图 2-8 资源重新配置下相关主体的福利变化

考虑交易主体之间存在经济补偿 ρ。其中，如果双方之间的资源重新配置主要是依赖于市场激励型手段达成的，则经济补偿 ρ 往往具体体现为资源的市场价格；如果双方之间的资源重新配置主要是依赖于指令控制型手段达成的，则经济补偿 ρ 往往具体体现为资源的调拨价格。如表 2-4 所示，根据 ρ 的多少，可以有以下情形：

表2-4 补偿金额与福利改进状态的讨论

情形	补偿金额	福利变化	改进类别	依赖路径
1	$\rho < ab$	A 福利受损，B 福利增进	卡尔多—希克斯改进	指令控制型手段
2	$\rho = ab$	A 福利不变，B 福利增进	帕累托改进	指令控制型手段或市场激励型手段
3	$ab < \rho < ac$	A 福利增进，B 福利增进	帕累托改进	指令控制型手段或市场激励型手段
4	$\rho = ac$	A 福利增进，B 福利不变	帕累托改进	指令控制型手段或市场激励型手段
5	$\rho > ac$	A 福利增进，B 福利受损	卡尔多—希克斯改进	指令控制型手段

在表2-4中在，只有当主体B对于A的补偿金额 $ab \leqslant \rho \leqslant ac$ 时（情形2、情形3、情形4），在没有一方福利受损的情况下才能实现整体福利的增进，进而达到帕累托改进。其他情况下，由于至少有一方在资源重新配置过程中出现了福利水平的下降，因此即使整体福利出现了增进，也只是卡尔多—希克斯改进。进一步地，由于只要有一方认为自身福利受损就不可能自愿达成交易，因此，如果交易双方都是自利的，以自由谈判议价为主导的市场激励型手段达成的资源重新配置必然是帕累托改进。与之对应，政府命令为主导的指令控制型手段可能通过牺牲一方利益实现整体福利水平的提高，其资源重新配置结果既可能是帕累托改进，也可能是卡尔多—希克斯改进，这完全取决于政府的决策偏好和政策判断。或者说，卡尔多—希克斯改进更具效率，但忽视公平；帕累托改进重视公平，但往往效率偏低。如果市场是完备的，主体间交易的结果必然是帕累托改进，而卡尔多—希克斯改进往往只有在政府行政命令干预下才能实现。

三、河流污染治理过程中的福利状态比较

根据定义，河流污染协同治理是指同处河流上下游的不同地区，在激励相容的机制安排下通过采取合作行动减少污染物排放的行为过程。从这个意义上而言，在治理手段上河流污染协同治理更多地应该依靠市场激励型手段，在福利状态上更多的是帕累托改进。或者说，单纯依靠指令控制型手段虽然也能实现河流的污染物减排，但其治理过程中如果福利状态仅仅实现了卡尔多—希克斯改进，则不能称为完全意义上的"协同治理"。

河流污染协同治理能否实现，关键取决于治理过程中上下游地区的福利变化和交易成本。假设 A 和 B 两个地区分处河流上下游。其中，上游 A 地区的生产

过程除投入必要的劳动力 l 和资本 k 之外，还会对河流产生一定的污染物排放 e。现有研究有两种方法处理生产过程中的污染物排放：其一，将污染物排放视作生产过程的"副产品"或"坏产出"，将其作为生产函数的被解释变量；其二，将污染物排放视作生产过程的要素投入，将其作为生产函数的解释变量。考虑主要研究生产过程中污染要素削减及其对应的福利影响，此处将污染要素视为要素投入更为合理。由此，构建上游 A 地区的福利函数，如式（2-21）所示：

$$W_1 = pf(l, k, e) - c_l l - c_k k - d(e) \tag{2-21}$$

其中，p 为 A 地区产出商品的价格，假设对于 A 地区来讲是外生变量。l、k 和 e 分别为生产过程投入的劳动力、资本和污染物排放，并且存在 $\frac{\partial f}{\partial l} > 0$、$\frac{\partial f}{\partial k} > 0$、$\frac{\partial f}{\partial e} > 0$ 和 $\frac{\partial^2 f}{\partial l^2} < 0$、$\frac{\partial^2 f}{\partial k^2} < 0$、$\frac{\partial^2 f}{\partial e^2} < 0$。其中，所有生产要素的二阶偏导数为负，主要是边际产出递减规律的作用。c_l 为劳动力的价格，c_k 为资本的价格，$d(e)$ 为 A 地区投入单位污染物排放给本地区造成的环境损失。由于污染物的排放如果远远超出河流的自净能力，甚至会造成不可逆转的环境损害，因此假设存在 $\frac{\partial d}{\partial e} > 0$ 和 $\frac{\partial^2 d}{\partial e^2} > 0$。其中，二阶导数为正，反映了随着污染物排放的增加，环境损失呈现加速递增状态。

B 地区处于河流的下游，不考虑其他因素，由于受到上游 A 地区排污的影响，其福利函数如式（2-22）所示：

$$W_2 = -\theta d(e) \tag{2-22}$$

其中，$0 \leq \theta \leq 1$，反映 B 地区受到上游 A 地区污染外部性影响的强度。θ 越大，污染的外部性就越强。

减少 A 地区的污染物排放有两条路径：其一，通过行政命令限制上游地区污染物的排放；其二，通过市场激励型手段通过跨地区补偿模式减少上游地区污染物排放。

通过行政命令减少一单位污染物排放，A 地区福利的减少量为 $\frac{\partial W_1}{\partial e} = p \frac{\partial f}{\partial e} - \frac{\partial d}{\partial e}$，B 地区福利的增加量为 $\frac{\partial W_2}{\partial e} = \theta \frac{\partial d}{\partial e}$。显然，此时 A 地区的福利受损，B 地区的福利增加，河流污染治理对应的福利结果是卡尔多—希克斯改进。

如果通过市场化手段解决上游 A 地区对于河流的排污问题，则下游 B 地区一般会选择对上游地区给予经济补偿的方式进行解决。假设 B 地区支付的补偿价格为 ρ。与此同时，上下游地区在进行污染减排和经济补偿的过程中，往往还会产生一定的交易成本 υ，如达成协议的谈判成本或者是保证减排得以实施的监督成本等。假设如果市场激励型协议在上下游地区之间能够达成，则双方各自负担一半的交易成本。正如前文分析，由于只要有一方认为自身福利受损就不可能自愿达成交易，以自由谈判议价为主导的市场激励型手段达成的资源重新配置必然是帕累托改进。由此推之，上游 A 地区削减一单位污染物排放，下游 B 地区应该给予的经济补偿 $\rho \in \left[p\dfrac{\partial f}{\partial e} - \dfrac{\partial d}{\partial e} + \dfrac{1}{2}\upsilon,\ \theta\dfrac{\partial d}{\partial e} - \dfrac{1}{2}\upsilon \right]$。或者说，帕累托改进的必要条件为 $(1+\theta)\dfrac{\partial d}{\partial e} - p\dfrac{\partial f}{\partial e} - \upsilon > 0$。并且，该数值越大，能够产生帕累托改进的空间就越大。

进一步地，对于 $(1+\theta)\dfrac{\partial d}{\partial e} - p\dfrac{\partial f}{\partial e} - \upsilon$ 有如下讨论：

（1）θ 越大，通过经济补偿产生帕累托改进的空间就越大。θ 越大，意味着上游地区排污行为对于下游地区产生的外部性影响越大，因此，下游地区通过经济补偿达成上游地区减排的动机也就越强。

（2）$\dfrac{\partial d}{\partial e}$ 越大，通过经济补偿产生帕累托改进的空间就越大。由于假设 $\dfrac{\partial^2 d}{\partial e^2} > 0$，随着上游地区排污量的增加，其对河流的水环境造成的影响愈加严重，通过经济补偿实现帕累托改进的空间也就越大。

（3）p 越大，通过经济补偿产生帕累托改进的空间就越小。p 越大，意味着上游地区削减排污给自身造成的福利损失就越大，或者说上游地区进行污染治理的机会成本就越高。下游地区只有给予其更多的经济补偿才能弥补上游地区进行河流污染治理而造成的损失。

（4）$\dfrac{\partial f}{\partial e}$ 越大，通过经济补偿产生帕累托改进的空间就越小。与 p 相对应，$\dfrac{\partial f}{\partial e}$ 对应着上游地区的产出水平。$\dfrac{\partial f}{\partial e}$ 越大，意味着上游地区削减一单位污染物排放所减少的产出就越高，对其造成的福利损失也就越大，下游地区也只有给予其更多的经济补偿才能弥补上游地区进行河流污染治理而造成的损失。此外，与 $\dfrac{\partial d}{\partial e}$ 综合考虑，由于存在 $\dfrac{\partial^2 f}{\partial e^2} < 0$ 和 $\dfrac{\partial^2 d}{\partial e^2} > 0$，上游地区污染程度越严重，通过经济补偿实现帕累托改进的空间也就越大。

（5） v 越大，通过经济补偿产生帕累托改进的空间就越小。与其他变量不同，v 是上下游地区进行福利改进过程中的损耗。v 越大，上下游地区之间达成合作的交易成本就越高，双方达成帕累托改进的成本也就越高。进一步地，如果存在 $v > (1+\theta)\dfrac{\partial d}{\partial e} - p\dfrac{\partial f}{\partial e}$，不仅帕累托改进难以实现，即使是卡尔多—希克斯改进也是困难的，这往往是现实中河流污染协同治理难以达成的关键因素之一。因此，有效地控制交易成本，是实现河流污染治理过程中福利改进的关键。此外，指令控制型手段对应的交易成本 v' 在一些情况下可能会低于市场激励型手段的交易成本 v。此时，指令控制型手段可以作为市场激励型手段的有益补充，甚至暂时替代市场手段，此时也可能实现上下游地区福利上的帕累托改进和河流污染协同治理目标的达成。但需要注意的关键问题是，即使为了控制交易成本暂时放弃市场为主导的污染治理模式，行政手段对应的经济补偿价格 p' 也必须符合 $(1+\theta)\dfrac{\partial d}{\partial e} - p\dfrac{\partial f}{\partial e} - v' > 0$。否则，河流污染的治理虽然依然能够实现，但其过程因为激励不相容则失去了"协同"的含义。

综合上述研究，河流污染协同治理的实现往往取决于治理过程中上游排污地区可能的福利损耗，下游地区可能的福利改进，以及达成合作的交易成本。从这个角度而言，在经济空间结构上，上游地区经济越落后，下游地区经济越发达，对于环境质量的要求越高，实现河流污染协同治理的空间也就越大。当然，协同治理的实现还有赖于可控的交易成本。

第三章 基本态势与空间相关性分析

第一节 中国河流污染的基本态势

一、中国七大水系

流域内由河流、湖泊等各种水体组成的水网被称为水系。组成水系的水体主要有河流、湖泊、沼泽等，单一由河流组成的水网称为河流水系，是所有水系中最常见、最重要的表现形态。河流水系一般通过以下特征进行描述：河流长度及流向、流域范围及面积、支流数量及形态、河网形态及密度。长江、黄河、珠江、淮河、海河、辽河、松花江是中国最重要的七大水系，都属于河流水系。

无论从河流长度、流域面积，还是从年平均径流量来看，长江水系都是中国最重要的水系。长江干流流经青海、西藏、四川、云南、重庆、湖北、湖南、江西、安徽、江苏、上海，如果再将支流包含在内，还涉及甘肃、陕西、贵州、河南、广西、广东、福建7省。流域面积达到180余万平方公里，接近中国国土总面积的20%。长江水量丰沛，水资源总量9616亿立方米，约占全国河流径流总量的36%，为黄河的20倍（见表3-1）。

表3-1 中国七大水系情况

水系	长度 （公里）	流域面积 （万平方公里）	年平均径流量 （亿立方米）	干流流经省份
长江水系	6300	180	10440	青、藏、川、滇、渝、鄂、湘、赣、皖、苏、沪

续表

水系	长度 （公里）	流域面积 （万平方公里）	年平均径流量 （亿立方米）	干流流经省份
黄河水系	5464	79.5	580	青、四、甘、宁、内蒙古、陕、晋、豫、鲁
珠江水系	2216	45.26	3300	云、贵、桂、粤、湘、赣、港、澳
淮河水系	1000	26	621	豫、皖、苏、鲁
海河水系	1050	26.5	106	京、津、冀、晋、鲁、豫、辽、内蒙古
辽河水系	1430	22.94	95	冀、内蒙古、吉、辽
松花江水系	1927	54.5	762	内蒙古、吉、黑

资料来源：《中国统计年鉴》和《中国大百科全书》，并经作者整理而成。

从河流长度而言，黄河是中国第二大水系。黄河干流流经青海、四川、甘肃、宁夏、内蒙古、陕西、山西、河南、山东9个省份。因受自然条件的影响，黄河流域降水量较少，蒸发能力很强，多年平均天然年径流量580亿立方米，仅占全国河川径流量的2.1%。黄河水系的产水系数很低，流域内大多都是中国缺水现象严重的地区。

珠江是中国年均径流量第二大的水系，仅次于长江，是黄河年径流量的6倍。珠江水系主要流经中国的西南、华南地区，流域主要覆盖云南、贵州、广西、湖南、江西、广东6省及香港、澳门特别行政区。珠江水系包括西江、北江和东江三大支流，西江是珠江水系的干流，年均径流量约为2400亿立方米，占到珠江水系全部流量的70%以上。但与中国很多大江大河相类似，珠江水系水量年际变化大，时空分布不均匀。珠江水资源丰富，全流域人均水资源量为4700立方米，相当于全国人均水资源量的1.7倍。

淮河流域地处中国东部，介于长江和黄河两流域之间，全长约1000公里，干流流经河南、湖北、安徽、江苏4个省份。淮河年平均径流量621亿立方米，位居全国第4位。淮河流域包括湖北、河南、安徽、山东、江苏五省40个地（市），181个县（市），是人口平均密度最高的流域。由于人口众多，淮河流域供水矛盾表现得也十分突出。

海河是中国华北地区的最大水系。与中国其他六大水系不同，海河水系属于典型的"扇形"形态，由海河干流和上游的北运河、永定河、大清河、子牙河、南运河五大支流组成，其中，海河干流仅76公里便流入渤海。海河水系包括北京、天津两个直辖市，河北省大部分地区，山西省东部以及山东、河南、辽宁及内蒙古自治区的一部分。其中，京津冀区域面积占到海河流域总面积的62.8%，包括北京市和天津市的全部，河北省面积的91.5%。根据《2014年中国水资源公报》资料，进行中国主要水资源一级区水资源量的横向比较可以发现，海河流域地表水资源量为98.0亿立方米，水资源总量为216.2亿立方米，都是中国七大水系中最低的。海河流域是中国水资源总量和人均水资源量最为匮乏的流域，水资源对社会经济发展的制约作用也最为明显。

辽河流经冀、内蒙古、吉、辽，其中绝大部分处于内蒙古和辽宁两省（自治区），是中国七大水系中流域面积最小、年均径流量最少的河流。辽河又可分为东辽河和西辽河，一般以西辽河为正源。辽河流域大部分地区属温带半湿润半干旱季风气候，年径流的地区分布不均。西辽河面积占全流域的64%，水量仅占21.6%；下游沿海一带面积占全流域的31%，水量却占到73%。辽河流域降水主要集中在7月和8月汛期，在中国七大水系中供水条件是除了海河流域之外最差的。

松花江是黑龙江最大的支流，流经内蒙古、吉林、黑龙江，全长1900余公里，流域面积54.56万平方公里，占东北三省总面积的69.32%，是中国仅次于长江和黄河的流域面积第三大水系。松花江水系发达，支流众多，流域面积大于1000平方千米的河流有86条。由于流域很多地区处于大小兴安岭和长白山林区，因此松花江是中国水量较为丰沛、水质较好的水系。

二、中国七大水系的污染状况

七大水系流域面积大约占到中国全部河流流域面积的50%左右，并且几乎涵盖了中国经济发达、人口集中的所有地区，如海河流域的京津冀城市群、长江下游的长三角城市群、长江中游的长株潭城市群和武汉都市圈、珠江下游的珠三角城市群、辽河流域的辽中南城市群等。因此，对七大水系污染状况进行分析，大致可反映出中国河流污染的变化趋势和当前的基本态势。

1. 水质状况总体改善

环保部每年都会通过《环境状况公报》公布中国七大水系的水环境质量。

图 3-1 综合反映了 2004～2014 年中国七大水系水质的变化情况。① 结果显示，中国七大水系 Ⅰ～Ⅲ 类水质断面占比由 2004 年的 41.8% 提升至 2014 年的 71.2%，Ⅳ～Ⅴ 类水质断面占比由 30.3% 下降至 15.0%，劣 Ⅴ 类水质断面占比由 27.9% 大幅下降至 9.0%。因此总体而言，经过多年的治理，中国主要江河水环境质量改善较为明显。

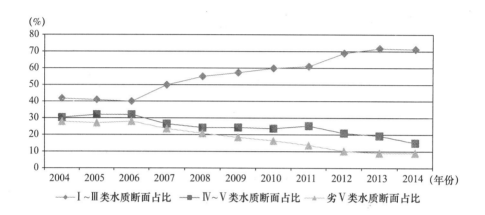

图 3-1 中国七大水系水质状况及其变化

资料来源：2004～2014 年《中国环境状况公报》，并经作者整理而成。

2. 水系之间水质差异极大

通过对比可以发现，中国七大水系之间水环境质量具有很大差异。如图 3-2 所示，以 2014 年七大水系的水环境质量为例，珠江水系和长江水系水环境质量最好，Ⅰ～Ⅲ 类水质断面比例占到 90% 左右，劣 Ⅴ 类水质断面占比仅在 3% 上下。黄河和辽河水系水环境质量较差，Ⅰ～Ⅲ 类水质断面比例不足 50%。海河流域劣 Ⅴ 类水质断面比例达到 37.5%，水环境污染问题最为突出。

3. 部分水系干支流水质差异明显

如图 3-3 所示，长江干流 Ⅰ～Ⅲ 类水质断面比例达到 100%，珠江干流达到 94.4%，松花江达到 87.6%，而且长江、珠江和松花江支流水质与干流相差并不大，Ⅰ～Ⅲ 类水质断面比例也分别达到 83.9%、92.3% 和 64.7%。相对而言，

---

① 自 2012 年《环境状况公报》开始，统计口径在原有七大流域的基础上，增加了浙闽片河流、西北诸河和西南诸河水质统计，数据反映的是共十大流域国控断面的水质状况。

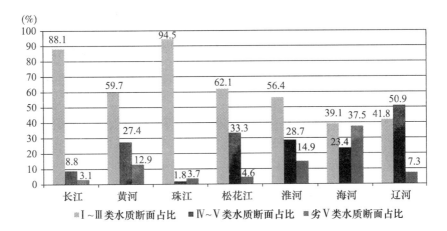

图 3 - 2　中国七大水系 2014 年水质状况对比

资料来源：2004～2014 年《中国环境状况公报》，并经作者整理而成。

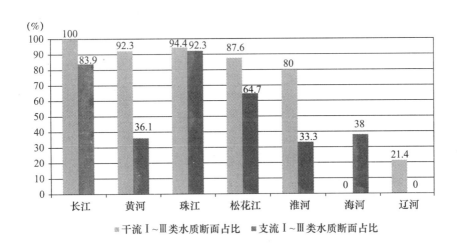

图 3 - 3　中国七大水系 2014 年干支流水体质量对比

资料来源：2014 年《中国环境状况公报》，并经作者整理而成。

黄河、淮河干支流水质差异明显，支流水质状况明显差于干流。其中，黄河干流Ⅰ～Ⅲ类水质断面比例达到 92.3%，而支流Ⅰ～Ⅲ类水质断面比例仅为 36.1%，相差约 56 个百分点；淮河干流Ⅰ～Ⅲ类水质断面比例达到 80%，比支流高出接近 47 个百分点。海河和辽河情况较为特殊，海河水系干流仅包括从天津金刚桥到大沽口入海的短短 76 公里距离，水质均处于Ⅰ～Ⅲ类以下。辽河不仅干流

Ⅰ～Ⅲ类水质断面比例仅为 21.4%，而且支流水质全部处于Ⅰ～Ⅲ类以下。通过干支流水质的对比分析可以发现，除海河水系情况特殊，剩余六大水系干流水质都优于支流水质。并且，海河、黄河、淮河支流 60% 以上的水质都在Ⅰ～Ⅲ类以下，辽河水系更是全部的支流水质都在Ⅰ～Ⅲ类以下。因此，黄河、淮河、海河、辽河四大水系的支流水污染形式相对更为严峻，进行河流污染治理的难度也更大。

三、中国河流跨界污染典型事件

通过分析可以发现，中国的珠江、长江等水系水体质量总体上保持良好水平，即使污染相对严重的辽河、海河水系在过去的十余年间水质也都出现较为明显的改善。但这并不意味着中国河流水污染严重的态势已经得到根本扭转。在一些地区、一些时段跨界水污染事件仍然频发，对上下游地区经济发展和居民生活的影响依然严重。

水污染事件具有跨界、突发两大突出特征。所谓跨界是指水污染往往涉及上下游多个地区，存在多个经济主体之间的利益博弈；所谓突发是指水污染事件往往不可预知，经常造成严重的社会危害，需要紧急措施加以应对。

早在 1994 年，中国淮河干流就发生过严重的水污染事件。由于夏季暴雨将淮河上游河南颍上水库冬春季节积累的大量污水冲刷下泄，导致淮河干流严重污染，下游安徽、江苏沿河部分居民产生了严重的恶心、呕吐生理反应，自来水厂停止供水长达 54 天，在国内外造成了恶劣的影响。

10 年之后的 2004 年，四川川化股份有限公司在对其合成氨加工装置进行设备检修时，由于操作不慎将含大量氨氮的工艺冷凝液和高浓度氨氮废水排入沱江。结果致使沱江下游简阳、内江沿江地区遭受严重水污染，50 万公斤鱼类被毒死，上千家企业停产。简阳市政府不得不于 3 月 2 日下午 15 时紧急发布"暂时停止饮用自来水"的公报。随后，沱江下游的资中和内江两市也发布了停止从沱江取水和自来水供应的紧急公告。由于沱江是三座城市的唯一饮用水源，沱江污染事件导致数百万居民断水数日，直接经济损失超过 3 亿元。

一年之后的 2005 年 11 月，松花江上游吉林石化公司双苯厂一车间发生爆炸，约 100 吨含苯类物质的污水流入松花江，造成了江水严重污染。松花江下游哈尔滨市政府向社会发布全市停水 4 天的公告，市民发生恐慌性抢水、储水。松花江水体污染事件还引起了国际关注，俄罗斯对松花江水污染对中俄界河黑龙江

（俄方称阿穆尔河）造成的影响表示严重关切。中方不得不向俄罗斯有关方面表示道歉，并提供援助以帮助其应对污染。时任国家环保总局局长也因松花江水体污染事件提出辞职。

虽然珠江在七大水系中的水环境质量整体最优，但仍不能从跨界水污染事件中幸免。2005 年 12 月北江上游韶关冶炼厂在检修期间，部分工作人员人为缩短污水处理工期，导致严重超标的高浓度含镉污水排入北江，造成严重的河流污染。北江高桥断面每立方米铬含量超过国家标准 10 倍，处于北江下游的英德市区十多万人饮水安全受到严重威胁。广州市也紧急采取预防性措施进行水厂停产、市区停止供水的应急准备工作，并准备适时发布停水公告。

其后，国家明显加大了河流水污染防治力度，并于 2008 年修订了《中华人民共和国水污染防治法》，提出对国家重点水污染物排放实施总量控制制度，并加大对违法排污造成严重污染事件的相关责任人的法律追责力度。2012 年初，国务院颁布了《关于实行最严格水资源管理制度的意见》，提出了水资源管理的"三条红线"，着重通过控制用水总量、提升用水效率、限制污水排放"三大措施"提升水资源管理水平。2013 年 1 月颁布的《实行最严格水资源管理制度考核办法》，进一步明确了各省、自治区、直辖市重要江河湖泊水功能区水质达标率的基本控制目标。随着一系列法律法规的施行和政策措施的落地，中国大江大河水质持续恶化的状况得到了一定的扭转，但在一些中小河流跨界水污染事件频发的局面依然没有得到根本改善。

2012 年 12 月 31 日，山西省长治市的潞安天脊煤化工厂由于输送软管破裂，发生苯胺泄漏。总量约为 38.7 吨的苯胺泄漏，约 30 吨苯胺被当地采取措施截留，但剩余的 8.7 吨苯胺污水排入漳河。漳河上游邻近山西、河北、河南三省交会之地，漳河水系是山西省长治市、河北省邯郸市、河南省安阳市三地的重要饮用水水源地，沿线涉及上百万人口。2013 年 1 月 5 日山西省政府接到事故报告时，泄漏苯胺已随河水流出省外。泄漏事件导致河北邯郸市因此发生停水和居民抢购瓶装水事件，河南安阳市境内红旗渠等部分水体有苯胺、挥发酚等因子检出和超标，严重危害了下游居民的饮水安全和企业的正常生产秩序。

2013 年前后，云南省昆明市东川区由于上游大大小小数十家采矿企业在铜矿开采过程中，将未被处理的含有硫化钠、砷化物的工业废水直接排入金沙江的支流小江，造成河流水体呈现乳白色，被当地人戏称为"牛奶河"。水体污染造成下游居民农业生产活动受到严重影响，甚至一些村民不得不放弃庄稼种植，到上游铜矿打工谋生。这反过来进一步加重了当地经济对于高污染企业的依赖，反过来又进一步加重了河流的污染。昆明东川小江变身"牛奶河"事件，前后持续数年也未得到有效根治，相关企业也仅仅受到罚款10万元的"从轻发落"。

以上仅是中国近年来发生的见诸媒体的报道，并引起社会关注的重大水污染个案事件。在一些地区和一些流域，严重恶水污染事件长期存在，一直得不到有效的根治，甚至由于河流水体污染导致一些地区"癌症村"频现。因此，虽然从统计数据上看，中国以七大水系为代表的大江大河水质状况改善明显，但数量更多的中小河流水污染治理依然任务重、难度大，是进行治理的重点和难点所在。

四、中国河流污染的基本特征

综合上述分析，可以大致分析出中国河流污染的基本特征：

1. 大江大河水质持续恶化局面得到初步控制

随着环保投入的逐渐加大和环境违法行为处罚力度的逐步增强，大致以2006年前后为拐点，以七大水系为代表，中国大江大河水质持续恶化局面得到了初步控制。珠江、长江、松花江等河流水质一直维持在整体优良状态，即使原来污染严重的淮河、海河等水系，水质也得到了明显的改善。因此，应该肯定中国近年来在河流污染治理，特别是大江大河水污染治理上取得的成绩。

2. 不同江河之间水质差异较大

虽然水环境质量日益恶化的局面在不同程度上得到了一定的遏制，但即使在大江大河之间中国河流水质差异也依然较大。当前，水质状况较差的大江大河主要集中在海河、辽河。这两个水系Ⅲ类水质以下断面的比例均超过50%，而且经济发达、人口众多的河段往往水污染情况更为严重。因此，重点水系、重点河段的河流污染治理工作仍然任重道远。

3. 中小河流水污染形势依然严峻

通过数据分析比较可以发现，七大水系支流的水质状况普遍差于干流。虽然缺少详尽的统计数据，但通过跨界水污染事件频发的现实可以基本判断，中国中小河流污染严重的形势并未得到根本扭转，在一些地区和一些时段表现得还非常严重。因此，中国未来河流污染治理的重点应当由大江大河治理，转向中小河流治理。由于中小河流数量众多，上下游之间利益关系更为复杂，管控和治理成本也更高，其治理难度要远大于大江大河。

第二节　中国废水排放的基本态势

一、指标的选取

现阶段河流污染调查大多采用控制断面的点源数据，中国七大水系水质状况相关数据就是通过点源调查获得的。点源数据具有客观真实反映河流污染情况的优势，但直接将其运用于经济空间结构与河流污染协同治理问题研究存有一定的缺陷。主要体现在以下几点：①点源数据是时点数，不能准确反映河流全年污染状况和周边地区排污情况；②点源数据是通过抽样调查方式得到的，并且样本选择侧重于大江大河，对于中小河流的调查相对薄弱，数据可得性较差，而中小河流正是中国现阶段河流污染治理的难点所在；③中国现有社会经济发展的统计数据大多以省、市、县为口径，与河流污染点源数据在统计口径上存在不一致，给实证研究经济空间结构与河流污染关系造成一定困难；④通过点源调查获得的污染数据受到河流本身流速、流量、自净能力等多重自然因素的影响，并非单纯人类生产、生活活动作用的结果，完全用点源数据研究经济空间结构与河流污染状况之间的关系可能在一定程度上导致数据"失真"。综合考虑以上因素，如果利用水污染物排放数据代替点源数据反映地区水污染行为，虽然在数据口径和针对性上可能会存在一定瑕疵，但可以有效克服单纯利用点源数据进行研究存在的不足。

现阶段，中国主要通过废水排放数据反映水污染物排放情况。统计过程中，废水排放中的主要污染物包括化学需氧量、氨氮、总氮、总磷、石油类、挥发酚等，能够综合反映生产活动和居民生活对于水体污染的影响。废水排放又可分为工业废水、农业废水和生活废水，其中，工业废水和生活废水排放是废水的主要来源。工业废水主要是指工业生产过程中产生的废水和废液，具体表现为随水流失的工业生产用料、中间产物、副产品以及生产过程中产生的污染物。工业废水造成的污染主要表现为有机需氧物质污染、化学毒物污染、无机固体悬浮物污染、重金属污染、酸污染、碱污染、植物营养物质污染、热污染、病原体污染等。

相对于生活废水产生的影响，工业废水来源更复杂，引起的水体污染危害更大，因此，限制工业废水排放往往被作为水污染治理的重点工作。此外，工业废水排放与生产活动的关系更为密切，也更能反映经济空间结构对于水污染物产生的作用。

废水排放水平与河流污染状况之间虽然在口径上存在差异，但二者之间具有较强的相关性。按照环境保护部 2010 年公布的《废水排放去向代码》，废水排放去向共包括 10 种类型：A——直接进入海域；B——直接进入江河、湖、库等水环境；C——进入城市下水道（再入江河、湖、库）；D——进入城市下水道（再入沿海海域）；E——进入污水处理厂；F——直接进入灌溉农田；G——进入地渗或蒸发地；H——进入其他单位；L——工业废水集中处理；K——其他（如回喷、回填、回灌、回用等）。

其中，废水排放去向中的 B 类、C 类的全部和 E 类、L 类的部分都会最终进入江河、湖、库，而这其中最终进入江河的比例是最高的。这也就意味着废水排放与江河水体环境存在着正向强相关关系。综合以上考虑，选择废水排放指标和工业废水排放指标作为代理变量，反映相关经济活动对于河流水体污染的影响。

二、废水排放的总体变化趋势

图 3 - 4 反映了 2005～2014 年中国废水排放总量、工业废水排放量及工业废水排放占全部废水排放比重的变化情况。

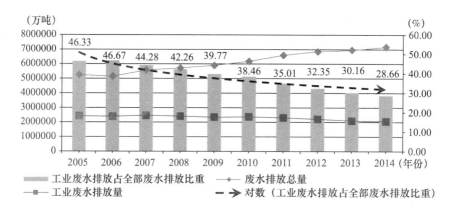

图 3 - 4　2005～2014 年中国废水排放总量、工业废水排放量及比例关系

资料来源：2006～2015 年《中国环境统计年鉴》，并经作者整理而成。

1. 工业废水排放总量下降明显

废水排放总量在过去 10 年间呈现增长态势，年均增长率在 3.5% 左右。但需要注意的是，随着工业污染治理投资力度的不断加大①，工业废水排放出现了与废水排放总量相反的趋势性变化，由 2005 年的 243 亿吨下降至 2014 年的 205 亿吨，年均降幅在 1.83% 左右。由此导致工业废水排放占全部废水排放比重由 2005 年的 46.33% 下降为 2015 年的 28.66%。该结果表明，从绝对数角度而言，中国过去 10 年间水污染治理取得了一定的效果，特别是工业水污染治理效果更为突出。其变化也与中国七大水系水质变化的趋势方向大体吻合。

2. 单位产出的废水排放出现快速"双降"

继续用"废水排放总量/GDP"和"工业废水排放量/规模以上工业企业主营业务收入"计算单位产出的水污染物排放情况，间接反映中国的水环境利用效率。② 其中，GDP 数据和规模以上工业企业主营业务收入数据分别利用消费者物价指数和工业品出厂价格指数以 2005 年为基期进行平减。③ 如图 3-5 所示，"废水排放总量/GDP"的比值在 2005~2014 年由 26.53 吨/万元下降至 13.69 吨/万元，降幅接近 50%，但 2012 年之后的降幅有所减缓。"工业废水排放量/规模以上工业企业主营业务收入"的比值在此期间呈现出更为明显的下降趋势，由 2005 年的 9.78 吨/万元下降至 2014 年的 2.11 吨/万元，降幅接近 80%。结果反映出中国工业产出的水环境利用效率提升速度高于总产出的效率。或者说，从相对数角度而言，与中国工业生产活动相关的水污染治理减排效果也要快于整体的水污染治理减排效果。

---

①　以当年价格计算，2005~2014 年中国工业污染治理投资完成额增长了 2.18 倍，由 2005 年的 458.20 亿元增长到 2014 年的 997.65 亿元。

②　由于产出水平并非仅受废水排放单一因素的影响，而是劳动力、资本、能源等一系列生产要素共同作用的结果，因此从理论上讲，通过计算全要素生产率更能准确反映水环境利用效率。但是，考虑此处主要测度和反映经济活动过程中废水排放的变化趋势，而非专注于生产率的计算，因此用"废水排放总量/GDP"和"工业废水排放量/规模以上工业企业主营业务收入"反映单位产出的水污染物排放情况亦具有合理性，而且还更为直接和有效。

③　大多数情况下应当利用工业总产值数据反映工业产出水平。但自 2013 年开始，相关年鉴不再公布工业总产值数据。通过计算发现，2005~2012 年规模以上工业企业主营业务收入数据与工业总产值数据的相关系数达到 0.99。因此，运用规模以上工业企业主营业务收入数据代替总产值数据反映工业产出水平。

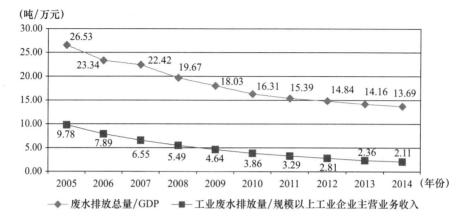

图 3 - 5　单位产出的废水排放量

资料来源：2006 ~ 2015 年《中国环境统计年鉴》和《中国统计年鉴》，并经作者整理而成。

三、废水排放的省际变化

从总体角度而言，废水排放呈现出"总量排放小幅增长，工业排放明显下降"的变动趋势。但具体到各个省份，如表 3 - 2 所示，演进趋势存在一定的差异，有些差异还十分明显。

表 3 - 2　2005 年和 2014 年中国 31 个省份废水排放总量、工业废水排放量的比较分析

指标 年份 省份	废水排放总量			工业废水排放量		
	2005 年 （万吨）	2014 年 （万吨）	年平均变化 （％）	2005 年 （万吨）	2014 年 （万吨）	年平均变化 （％）
北京	101009	150714	4.81	12813	9174	- 3.26
天津	60361	89361	4.79	30081	19011	- 4.67
河北	208524	309824	4.54	124533	108562	- 1.36
山西	95096	145033	5.08	32099	49250	6.22
内蒙古	56241	111917	8.24	24967	39325	6.17
辽宁	218705	262879	2.21	105072	90631	- 0.89
吉林	98005	122171	2.61	41189	42192	0.37

续表

指标 年份 省份	废水排放总量			工业废水排放量		
	2005 年 （万吨）	2014 年 （万吨）	年平均变化 （%）	2005 年 （万吨）	2014 年 （万吨）	年平均变化 （%）
黑龙江	114041	149644	3.46	45158	41984	0.37
上海	199710	221160	1.36	51097	43939	−1.26
江苏	519425	601158	1.68	296318	204890	−3.97
浙江	313196	418262	3.36	192426	149380	−2.54
安徽	156591	272313	6.71	63487	69580	1.22
福建	212392	260579	3.03	130939	102052	−0.60
江西	123320	208289	6.17	53972	64856	2.36
山东	280377	514423	7.03	139071	180022	3.19
河南	262564	422823	5.47	123476	128048	0.52
湖北	237368	301704	2.75	92432	81657	−1.17
湖南	255638	309960	2.27	122440	82271	−4.07
广东	638403	905082	4.05	231568	177554	−2.68
广西	270857	219304	−1.16	145609	72936	−4.80
海南	35274	39351	1.29	7428	7956	1.76
重庆	145221	145822	0.25	84885	34968	−8.37
四川	261651	331277	2.84	122590	67577	−6.23
贵州	55668	110912	8.45	14850	32674	10.82
云南	75202	157544	9.76	32928	40443	3.55
西藏	4555	5450	3.94	991	431	−6.25
陕西	83368	145785	6.56	42819	36163	−1.49
甘肃	43728	65973	4.78	16798	19742	2.23
青海	19360	23001	2.58	7619	8214	1.10
宁夏	35817	37277	2.05	21411	15147	−3.37
新疆	63419	102748	5.80	20052	32799	5.80

资料来源：2006 年和 2015 年《中国环境统计年鉴》和《中国统计年鉴》，并经作者整理而成。

首先，就废水排放总量而言，广东、江苏、山东、河南、浙江位居全国前五位，五省废水排放总量大约占到全国的40%。从空间位置上讲，这些省份基本位于珠江、长江、黄河水系的中下游地区。废水排放总量水平较低的省份主要集中在西部地区，包括新疆、甘肃、宁夏、青海、西藏等省份。与2005年相比，中国31个省份当中有30个省份均出现了不同程度的增长。其中，云南的涨幅最大，由2005年的75202万吨增长到了2014年的157544万吨，年均涨幅达到9.67%。除云南之外，还有贵州、内蒙古、山东、安徽、陕西、江西、新疆、河南、山西、北京、天津、甘肃、河北、广东、西藏15个省份废水排放总量的涨幅在全国平均水平以上。广西废水排放总量由2005年的270857万吨下降至2014年的219304万吨，是唯一出现排放量下降的省份。

其次，就工业废水排放而言，排放大省与废水排放总量的分布大体一致，只不过排名略有不同，江苏、山东、广东、浙江、河南位居全国前五位，新疆、甘肃、宁夏、青海、西藏等西部省份和北京、天津两个直辖市工业废水排放水平较低。包括贵州、山西、内蒙古、新疆、云南、山东、江西、甘肃、海南、安徽、青海、河南、黑龙江、吉林在内，中国共有14个省份在2005~2014年呈现出增长趋势。其中，贵州以年均10.82%的速度成为上升最快的地区，排放量在10年间增长了1.2倍。与之对应，剩余17个省份工业废水排放呈现下降趋势。其中，重庆工业废水排放量由2005年的84885万吨降为2014年的34968万吨，下降了58.8%，年均降幅超过6%，成为工业废水排放量下降速度最快的省份。

四、废水排放的分区比较

1. 废水排放总量的分区结构及变化

图3-6反映了中国东部、中部、西部地区废水排放总量及其年际变化。从总量角度而言，东部、中部、西部地区废水排放总量均依然保持了增长趋势。其中，东部地区废水排放总量由2005年的3058233万吨上升至2014年的3992097万吨，年均增幅为3.03%；中部地区由1398864万吨上升至2043854万吨，年均增幅为4.36%；西部地区由787989万吨上升至1125789万吨，年均增幅为4.18%。从比例关系而言，东部地区废水排放占全国的比重由2005年的58%下降至2014年的55%，中部地区由26%上升至28%，西部地区占比基本维持在15%上下波动。总体而言，三个地区之间的结构关系基本维持稳定。

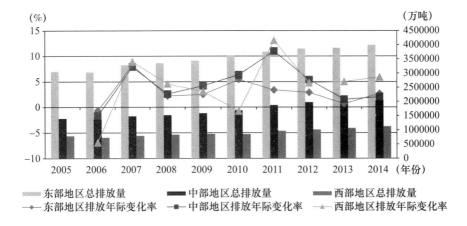

图 3 - 6　东部、中部、西部地区废水排放总量及其年际变化

资料来源：2006～2015 年《中国环境统计年鉴》，并经作者整理而成。

就年际变化率而言，东部地区废水排放总量的增长幅度最低，除 2007 年之外基本维持在 3% 左右，且 2010 年之后增幅呈现逐步下降趋势；中部地区增长率高于东部地区，但 2013 年开始也出现了较为明显的下降趋势；西部地区年增长率基本维持在 3% 以上，且在 2011 年出现了 10% 以上的增幅。由此来看，随着水环境治理投入的加大和监管措施的加强，东部地区废水排放增长速度已经减缓。虽然中西部地区废水排放总量水平较低，但其增速依然略显稍快。加上这些地区的水环境承载力本就十分脆弱，因此中西部地区水污染减排、限排工作压力仍然不容小觑。

2. 工业废水排放的分区结构及变化

图 3 - 7 进一步反映了东部、中部、西部地区工业废水排放量及其年际变化。东部地区工业废水排放量在 2007 年达到峰值 1506109 万吨之后开始逐步下降，到 2014 年降为 1166107 万吨，降幅约为 22.6%。中部地区工业废水排放的峰值出现在 2010 年，2011 年之后也出现下降趋势，2014 年的排放量大约较峰值下降 8%，相较于东部地区降幅相对有限。西部地区工业废水排放的峰值出现在 2005 年，此后呈现逐步下降态势，2014 年的排放水平大约为 2005 年的 80%。

就比例关系而言，2014 年东部地区工业废水排放约占全国的 57%，大约比 2005 年下降 4 个百分点；中部地区占比约为 30%，较 2005 年上升 4.5 个百分点；西部地区约占 14%，较 2005 年微幅下降 1 个百分点。此外，东部地区工业废水排放共出现 7 个负增长年（2006 年、2008 年、2009 年、2011 年、2012 年、2013

年、2014 年），最高的涨幅也仅为 4.86%（2007 年）；中部地区共出现 5 个负增长年（2008 年、2011 年、2012 年、2013 年、2014 年），最高的正增长年为6.95%（2010 年）；西部地区自 2005 年之后工业废水排放以及呈现较为稳步的下降趋势，仅在 2014 年出现了接近 4% 的反弹。综上可基本判断，中部地区工业废水减排效果略逊于东部和西部地区。

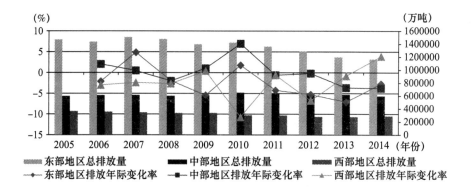

图 3-7 东部、中部、西部地区工业废水量及其年际变化

资料来源：2006～2015 年《中国环境统计年鉴》，并经作者整理而成。

3. 单位产出废水排放的分区比较及变化

继续用东部、中部、西部地区的"废水排放总量/GDP"和"工业废水排放量/规模以上工业企业主营业务收入"反映单位产出的水污染物排放情况。如图3-8 所示，东部、中部、西部三个地区的"废水排放总量/GDP"的比值基本上呈现同步下降态势，说明各个地区水环境利用效率提升速度大体相当。

反映工业生产水环境利用效率的"工业废水排放量/规模以上工业企业主营业务收入"比值在东部、中部、西部地区虽然也均表现出下降态势，但具体情况有所区别。东部地区 2005 年单位工业产出的废水排放量为 8.02 吨/万元，中部地区和西部地区分别是东部地区的 1.7 倍和 2.1 倍，差异明显。10 年之后的2014 年，东部地区的比值虽然仍然是最低的，但中西部地区已经与东部地区的比值较为接近。上述变化趋势说明，中国不同地区工业生产的水环境利用效率呈现趋同的态势。

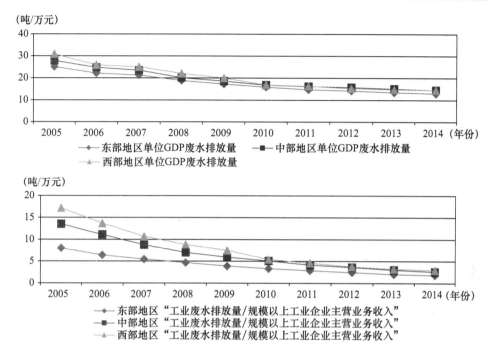

图 3 - 8　东部、中部、西部地区单位产出的废水排放量

资料来源：2006 ~ 2015 年《中国环境统计年鉴》和《中国工业统计年鉴》，并经作者整理而成。

五、中国废水排放的基本特征

1. 废水排放总量小幅增长，工业废水排放显著下降

2005 ~ 2014 年，中国 31 个省份中有 30 个省份废水排放总量有所增加，全国的废水排放总量大约也以每年 3.5% 的速度小幅增长。与之对应，全国的工业废水排放量在 2005 ~ 2014 年大约下降了 15%，由此使得工业生产活动引致的废水排放占比下降了近 20 个百分点。从省际角度看，2014 年有 17 个省份工业废水排放较 2005 年出现了下降。由此可以判断，中国工业水污染治理取得一定成效，工业生产引起的包括河流在内的水环境污染程度上有所减轻。

2. 东部地区排放占比最高，中西部地区减排压力较大

由于人口数量众多、经济活动更为发达，东部地区约占中国全部废水排放量的 55%，工业废水排放量的 57%，在所有地区中占比是最高的。废水排放大省也主要集中在江苏、山东、广东、浙江等经济发达的东部省份。但是，由于东部地区环境监管相对严格，水环境治理投入更大，其废水排放总量的年均增长幅度最低，工业废水排放的下降速度最快。相对而言，中西部省份虽然废水排放基数较低，地区生产、生活活动对于水环境的影响也相对较弱。但从区位关系角度而言，中西部地区位于中国主要江河的上游地区，污染的外部性较强，环境承载力相对较弱，因此也要对中西部地区水污染的减排工作予以足够的重视。

3. 单位产出的废水排放明显下降，水环境利用效率显著提升

分别用单位 GDP 和规模以上工业企业单位产值的工业废水排放量测度整体经济活动和工业生产活动对于水环境的影响。结果发现，二者均呈现下降趋势，而且单位工业产出所产生的废水排放下降速度要明显快于整体经济活动所产生的影响。从地区角度来看，东部、中部、西部地区单位 GDP 所产生的废水排放下降速度大体同步，而各地区之间单位工业产出所产生的废水排放表现出一定的趋势。以上数据证明，中国经济活动的水环境利用效率在过去 10 年间得到较为明显的提升。

第三节　废水排放的空间关系

一、空间相关性

世间任何事物的状态都受到时间维度和空间维度两重因素的影响和制约。并且在一般情况下，时间维度和空间维度上越接近的事物，其相互之间的关联性就越强。在研究上，时间维度上的相关性表现为时间序列的自回归过程，可被形式化描述如式（3-1）所示：

$$y_t = f(y_1, y_2, \cdots, y_{t-1}) + u_t \qquad (3-1)$$

与之对应，空间维度上的相互作用关系表现为空间自回归，可形式化描述如式（3-2）所示：

$$y_i = f(y_1, y_2, \cdots, y_{i-1}, y_{i+1}, \cdots, y_n) + u_i \qquad (3-2)$$

对于式（3-2）可近似地写成如式（3-3）所示：

$$y_i = \omega_{i1}y_1 + \varpi_{i2}y_2 + \cdots + \omega_{ii-1}y_{i-1} + \omega_{ii+1}y_{i+1} + \cdots + \omega_{in}y_n + u_t \tag{3-3}$$

在式（3-3）中，$\omega_{ij}(j=1, 2, \cdots, n, j \neq i)$ 被定义为空间权重矩阵，用来刻画截面上地区 $j(j \neq i)$ 与地区 i 之间的空间结构，是分析经济活动是否存在空间结构关系的关键变量。如表 3-3 所示，空间权重矩阵存在但不限于以下取值方法：

表 3-3 常见的空间权重矩阵取值方法

名称	具体方法
0~1 取值法	与地区 i 有共同边界取 1，没有共同边界取 0
边界权重法	共同边界的长度占地区 i 全部边界总长度的比值
空间距离法	与地区 i 实际空间距离（平方）的倒数
空间范围法	以地区 i 为圆心的特定半径空间内取 1，超出取 0
贸易流量法	与地区 i 的实际贸易（交通、通信）流量
经济权重法	经济总量（GDP、资本存量、人口）在区域中所占比重

每种空间权重矩阵取值方法各有利弊。例如，"0~1 取值法"虽然操作简单，易于理解，但 0~1 元素的设置是对称的，即无法区分各相邻空间作用的强弱，又无法区分共同边界的长度；"边界权重法"虽然考虑了相邻地区边界的长度，但依然将地区间假设为对称关系，现实中存在的作用关系往往是单向或非双向对称的；"空间距离法"仍假设向各个方向的空间相关性是对等的，也有悖于经济现实；"贸易流量法"虽然较为贴近现实，但受制于国内统计资料限制，数据获取比较困难等。因此，在具体研究过程中需要结合具体问题有针对性地选择合适的空间权重矩阵。

二、空间相关性的测度

能否证明变量之间空间相关性的存在，是进行空间相关性研究的前提。全局 Moran's I 指数是当前被最为广泛采用的空间相关性检验方法，具体如式（3-4）所示：

$$I = \frac{\sum_{i=1}^{n}\sum_{j=1}^{n}\omega_{ij}(y_i - \bar{y})(y_j - \bar{y})}{S^2\sum_{i=1}^{n}\sum_{j=1}^{n}\omega_{ij}} \tag{3-4}$$

其中，$S^2 = \dfrac{\sum_{i=1}^{n}(y_i - \overline{y})^2}{n}, \overline{y} = \dfrac{\sum_{i=1}^{n} y_i}{n}$。一般情况下，$y_i$ 为地区 i 的经济活动（如产出水平、污染物排放量等），n 为地区数，ω_{ij} 为空间权重。在 Moran's I 指数中，一般对于空间权重矩阵采用 "0～1 取值法"：如果地区 i 与地区 j 空间相邻，则 $\omega_{ij} = 1$；如果不相邻，则 $\omega_{ij} = 0$。全局 Moran's I 指数介于 -1 和 1 之间。越接近 1，空间正相关性越强；越接近 -1，空间负相关性越强；越接近 0，空间相关性越弱。

全局 Moran's I 指数反映的是空间整体的关联程度，但不能排除区域内部可能出现的 "非典型" 情况（Anselin，1995）。为此，可构建局域 Moran's I 指数反映地区 i 与相邻地区的空间相关性，具体如式（3-5）所示：

$$I_i = \frac{(y_i - \overline{y})}{S^2} \sum_{i \neq j} \omega_{ij}(y_j - \overline{y}) \qquad (3-5)$$

如果 $I_i > 0$，则地区 i 的经济活动与周边地区 "高—高" 相邻或 "低—低" 相邻；如果 $I_i < 0$，则地区 i 的经济活动与周边地区 "高—低" 相邻或 "低—高" 相邻。[①]

三、废水排放的空间相关性分析

经济空间结构是区域经济各种空间形态在一定地域范围内的组合，其作为前置条件影响着跨区域的经济行为与政策选择，并由此使得距离相近地区之间的经济行为产生相互关联。由于废水排放主要与相关地区的经济活动密切相关，从理论上讲区域间经济活动的空间相关性必然带来废水排放的空间相关性。因此，在现实层面有必要运用全局 Moran's I 指数验证中国废水排放是否存在空间自相关关系，并运用局域 Moran's I 指数对相邻地区废水排放的空间关系进行表征。否则，如果邻近地区的废水排放根本不存在空间相关关系，则基于经济空间结构研究河流污染协同治理的现实基础将不存在。

通过 Geoda 软件，实证得到的 2005～2014 年中国 31 个省份废水排放总量和工业废水排放的全局 Moran's I 指数。如表 3-4 所示，大部分的全局 Moran's I

---

① 除 Moran's I 指数之外，还可以通过 Geary's C 指数反映和测度空间相关性。Geary's C 指数大体上存在 $C \approx 1 - I$，在此不再赘述。

指数的 T 统计量均能通过 1% 的显著性检验，2005 年的废水排放总量和 2004 年、2005 年的工业废水排放量均能通过 5% 的显著性检验。结果显示，在 2005 ~ 2014 年的 10 年间，中国省际间的废水排放总量和工业废水排放具有显著的空间相关性，地区之间在废水排放行为上具有相互作用的依存关系。并且，通过对 Moran's I 指数的观察可以发现，这种空间相关性还表现出增强的态势。

表 3 - 4 废水排放的全局 Moran's I 指数

年份\指标	废水排放总量		工业废水排放	
	Moran's I 指数	T 值	Moran's I 指数	T 值
2005	0.199	0.022	0.205	0.022
2006	0.243	0.007	0.231	0.011
2007	0.235	0.008	0.255	0.007
2008	0.233	0.010	0.252	0.008
2009	0.247	0.007	0.302	0.002
2010	0.256	0.005	0.312	0.001
2011	0.261	0.004	0.351	0.000
2012	0.240	0.007	0.339	0.000
2013	0.226	0.010	0.370	0.000
2014	0.202	0.019	0.349	0.000

空间相关性的存在说明，某个省份通过减排措施达成本省废水排放量的减少，很可能会带动与之相邻省份废水排放出现相似的变化，进而带来整个区域包括河流在内的整体水环境的改善。该结论从一个侧面说明水污染减排工作在相邻地区之间具有一定的"示范效应"或"学习效应"，这也就从实证角度间接证明河流污染协同治理具有一定的可行性。

继续分析废水排放的局域空间相关性，具体结果如图 3 - 9 和图 3 - 10 所示。结果显示，从废水排放总量角度而言，华东地区的山东、安徽、上海和华南地区的福建等高排污省份常年被其他高排污省份所包围，在局域空间相关性上显示为"高—高"相关省。但个别年份安徽废水排放总量降低，转变为"低—高"相关地区。四川省虽然自身废水排放总量水平较高，但由于其周边省份的排污水平较低，因此常年表现为"高—低"相关地区。废水排放总量"低—低"主要为甘肃、新疆等地区，说明这些地区不仅自身排污水平较低，且与其相邻的省份废水排放总量水平也相对较低。

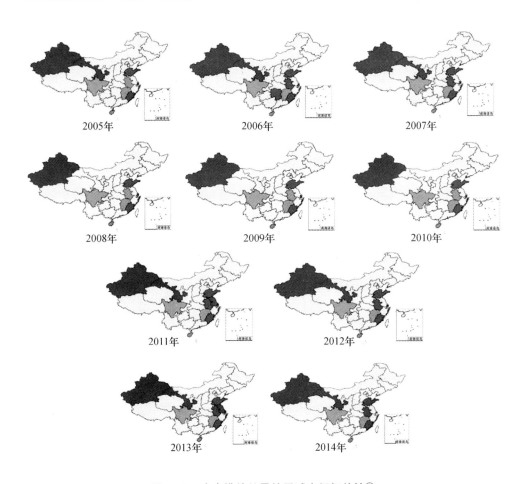

图 3 - 9　废水排放总量的局域空间相关性[①]

与废水排放总量相比，工业废水排放的局域空间相关性在华东地区和华南地区表现出了更多年份的"高—高"空间相关性。特别是 2013 年之后，由于自身工业废水排放量的相对增加，原来属于"低—高"空间相关省份的安徽、江西转变为"高—高"相关省份。同时，工业废水排放较高的四川大多年份仍被低排污省份所包围。新疆始终处于"低—低"排污省份，反映出西北省份的工业

废水排放水平始终处于较低位置。

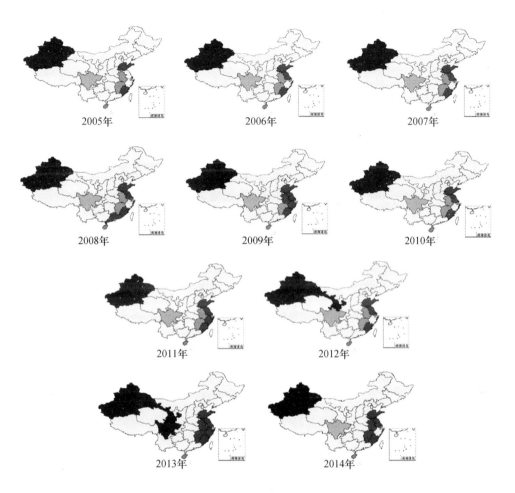

图 3 – 10　工业废水排放量的局域空间相关性

四、废水排放的空间相关性特征

1. 废水排放行为存在显著的空间相关关系

运用全局空间相关分析方法得到的结果显示，2005～2014 年中国 31 个省份之间的废水排放总量和工业废水排放均表现出显著的空间自相关关系。并且，这种空间自相关关系随时间变化还呈现出加强趋势。此外，工业废水排放的空间相关性要大于废水排放总量的相关性。该结果说明，以工业生产为代表的经济活动导致的废水排放行为表现出相对更为明显的空间依存度。上述结论从侧面间接证明了经济空间结构作为前置变量作用于相邻地区之间的排污行为，进而对包括河流在内的区域水环境质量产生影响。与此同时，废水排放行为空间依存关系的存在还意味着某地区排污行为的变化也将引致相邻地区行为产生相似的变化，这也就为河流污染协同治理的必要性和可行性提供了现实依据。

2. 废水排放的空间依存关系呈现明显的区域分布

局域空间相关性分析结果表明，中国省际废水排放总量和工业废水排放均表现出较为明显且相对稳定的区域分布特征。其中，华东地区主要体现为水污染"高—高"空间分布，即一个高排污省份被邻近的高排污省份所包围。具有"低—低"空间分布特征的省份主要存在于中国西北地区，如新疆、甘肃等地。作为高排污省份的四川情况较为特殊，其周边均为低排污省份，因此长期表现为"低—高"空间分布特征。上述结论说明，以华东为代表的中国东部地区开展河流污染协同治理的紧迫性更强。但考虑邻近地区的水污染行为会作用于本地区减排效果，因此存在水污染"高—高"空间分布特征的东部地区，进行河流污染协同治理的难度也更大。对于西北地区而言，关键之处在于稳定各省份之间业已存在的低排污空间相关关系，并在此基础上实现进一步的协同减排。

第四章 经济空间结构与河流污染协同治理的理论推演

第一节 经济空间结构的设定

经济空间结构是特定区域内地区之间各种经济形态的组合方式，并作为前置变量影响着地区之间的行为选择。一般情况下，经济空间结构可以从"点""轴""网""面"四个方面予以反映。河流的自然流向决定上下游区域间往往形成"点—轴"形态的经济空间结构，主体构成（点）与联结关系（轴）是其中两大关键。虽然从流域视角来看，不同地区之间也可能形成"网"状关系，如上游多主体、下游单主体的"V"型结构，上游单主体、下游多主体的倒"V"型结构，上下游都多主体的"X"型结构等。但由"点—轴"组成的经济空间结构是河流污染协同治理过程中最为基础，也最为典型的形态。即使部分水系存在"网"状结构，其大体上也是由"点—轴"形态衍生出来的。因此，将"点—轴"形态作为河流污染协同治理研究的重点经济空间结构。

具体研究过程中，基于主体构成和经济联结关系所形成的"点—轴"关系差异，对经济空间结构进行分类。其中，主体构成（点）关系通过上下游地区之间的"经济发达程度"和"区位中心性"两个变量予以反映："经济发达程度"划分为"上下游经济水平相当""上游发达/下游落后""下游发达/上游落后"3种类型；"区位中心性"划分为"上下游双中心""上游单中心"和"下游单中心"3种类型。经济连接（轴）关系通过"经济联系紧密性"和"产业互补性"两个变量予以反映："经济联系紧密性"划分为"上下游经济联系紧密""上下游经济联系松散"2种类型；"产业互补性"划分为"上下游产业互补"和"上下游产业替代"2种类型。基于上述分类及其组合，运用理论演绎方法比较不同经济空间结构下，上下游地区在河流排污行为选择上的差异，并对实现河流污染协同治理的前提条件进行分析。

第二节 经济发达程度、互补性与河流污染协同治理

一、河流污染协同治理行为

根据经济学的基本原理，包括河流污染在内的所有污染行为其产生的根本原因在于行为本身存在负外部性，即污染方的排污行为致使受污染方的利益受损而并不因此而付费。反过来说，污染方的减排行为具有正外部性，即受污染方因污染方的减排行为而受益但并不因此给予污染方以利益补偿。因此，污染方也就没有限制排污、减少污染的动力。河流污染协同治理的最终目标就是要消除其中的外部性，最终形成激励相容的"双赢"局面。

根据河流污染协同治理的核心思想，"同处河流上下游的不同地区，在激励相容的机制安排下通过采取合作行动减少污染物排放的行为过程"，此时下游地区就应当通过给予上游地区一定经济补偿的方式使其减少排污，进而达成上下游地区的合作"双赢"。当然，合作"双赢"需要符合两个条件：其一，减排，即上游地区减少对于河流的污染物排放，进而使河流水质状况得以改善；其二，增利，即上下游地区经济利益均得到增进，即福利状态产生帕累托改进。两个条件缺一不可，缺少其一即不符合协同治理的最终目标。

下游地区通过经济补偿减少上游地区污染物排放的过程可能受到一些因素的干扰，如协同治理过程中的交易成本，如双方之间可能采取破坏合作的机会主义行为等。这些干扰因素的存在可能影响协同治理目标的实现，严重的甚至会彻底损害合作的基础，诱发跨界水污染冲突。因此，需要一定的机制设计保证河流污染协同治理行为长期、稳定地存在，而这个机制很可能与上下游地区之间的经济空间结构紧密相关。因此，有必要对不同主体构成关系条件下上下游地区在河流

污染治理过程中的行为选择、机制设计及最终可能产生的福利结果进行分析。

二、支付矩阵的构建

由下游地区给予上游地区经济补偿以促使其减少污染物的排放是河流污染协同治理过程中经常被采用的合作机制。当仅存在跨界经济补偿时，上下游地区同时面临着两种选择：上游地区既可以选择削减污染物的排放控制污染，也可以选择维持排放保持污染，进而形成（削减，不削减）两种策略；下游地区既可以选择向上游地区支付经济补偿，也可以选择不进行补偿维持现状，进而形成（补偿，不补偿）两种策略。在此策略空间下，分别从经济发达程度和产业互补性两个角度，对上下游地区经济空间结构进行设定。

一方面，现有研究往往认为单位跨界经济补偿的货币效用对不同地区是等价的。实际上，对于不同的经济主体，单位货币的实际效用水平往往并不相等。一般而言，经济水平越是落后，单位货币的实际效用越高；反之，经济发达程度越高，单位货币对其的实际效用越低。即货币的边际效应也是递减的，这符合经济学的基本规律。由此可设定，上游地区削减 1 单位产出所能获得补偿的实际效用为 R，下游地区支付补偿的实际效用为 R'。当 $R > R'$ 时，下游地区经济发达程度更高；当 $R < R'$ 时，上游地区经济发达程度更高；当 $R = R'$ 时，两地区经济水平相当。

另一方面，不同种类商品间关系可以用替代和互补两种形式反映，并具体体现在交叉价格弹性符号的不同。由此，对于分处流域上下游并且各自只生产一种商品的两个地区而言，如果两地经济具有同质性，则可建立反需求函数 $p = a - bq_1 - cq_2$。其中，q_1 为上游地区产品的产量，q_2 为下游地区产品的产量，$b > 0$ 和 $c > 0$ 均为参数。在不考虑生产成本情况下，上游地区的利润函数为 $\pi_1 = (a - bq_1 - cq_2)q_1$，其自身削减 1 单位产出带来的利润变化为 $\frac{\partial \pi_1}{\partial q_1} = a - 2bq_1 - cq_2$。同理，下游地区的利润函数为 $\pi_2 = (a - bq_1 - cq_2)q_2$，上游地区削减 1 单位产出对下游地区的影响为 $\frac{\partial \pi_2}{\partial q_1} = -bq_2$。$\frac{\partial \pi_2}{\partial q_1} < 0$ 说明上游地区削减产量，下游地区的福利会增加。反之，如果两地经济具有互补性，则上下游地区分别存在反需求函数 $p_1 = a - bq_1 + cq_2$ 和 $p_2 = a + bq_1 - cq_2$，利润函数分别为 $\pi_1 = (a - bq_1 + cq_2)q_1$ 和

$\pi_2 = (a + bq_1 - cq_2)q_2$。上游地区削减 1 单位产出对于其自身和下游地区的影响分别为 $\dfrac{\partial \pi_1}{\partial q_1} = a - 2bq_1 + cq_2$ 和 $\dfrac{\partial \pi_2}{\partial q_1} = bq_2$。其中，$\dfrac{\partial \pi_2}{\partial q_1} > 0$ 说明上游地区削减产量，下游地区的福利会受损。

综合以上研究设计，可得到上下游地区经济分别存在同质性和互补性两种状态下的支付矩阵，具体如表 4 – 1 和表 4 – 2 所示。除已定义变量外，φ_1 为上游地区削减 1 单位产出所能得到的环境改善收益，μ_1 为上游地区减少 1 单位产出付出的技术成本（如生产设备拆除费用等），φ_2 为上游地区削减 1 单位产出对下游地区水环境产生的影响。

表 4 – 1　上下游地区经济具有同质性状态下的支付矩阵

		下游地区	
		补偿（合作）	不补偿（不合作）
上游地区	削减（合作）	$R + \varphi_1 - \mu_1 - (a - 2bq_1 - cq_2)$ $\varphi_2 - (-bq_2) - R'$	$\varphi_1 - \mu_1 - (a - 2bq_1 - cq_2)$ $\varphi_2 - (-bq_2)$
	不削减（不合作）	R $-R'$	0 0

表 4 – 2　经济具有互补性状态下的支付矩阵

		下游地区	
		补偿（合作）	不补偿（不合作）
上游地区	削减（合作）	$R + \varphi_1 - \mu_1 - (a - 2bq_1 + cq_2)$ $\varphi_2 - bq_2 - R'$	$\varphi_1 - \mu_1 - (a - 2bq_1 + cq_2)$ $\varphi_2 - bq_2$
	不削减（不合作）	R $-R'$	0 0

三、博弈方法的选择

河流污染协同治理过程中一方的福利状态受制于另一方的行为策略。或者说，某一方的最优决策是在另一方决策基础上给出的。博弈论提供了一个工具，能够解决相互依赖条件下相关利益方行动的选择问题，因此适合于运用到河流污染协同治理的分析框架中。最终，希望通过博弈分析求得在什么样的机制设计条件下可以使"合作"（削减，补偿）成为均衡解。

但需要注意的是，无论是完全信息静态博弈条件下的纳什均衡，动态博弈条件下的子博弈精炼纳什均衡，还是不完全信息博弈条件下的贝叶斯纳什均衡，都存在一个最基本的假设前提：参与人是完全理性的。完全理性受到行为人具有确定的效用函数，完全一致的偏好系，完备的计算和推理能力，选择结果描述和程序不变等一系列严格假设的限制。在现实中，参与人往往是有限理性的。根据H. Simon（1950）的观点，有限理性符合三个条件：①组织活动和基本目的之间的联系常常是模糊不清的，基本目的内部和达到这些目的所选择的各种手段内部也存在着冲突和矛盾；②参与人往往不愿发挥继续研究的积极性，去追求理论上的最大值，而是在可供选择的备选方案中需求"满意"的结果；③参与人只能尽力追求在其能力范围内的有限理性。也就是说，参与人在面对选择时一般只会考虑少数选项，并由于不具有完全知识只能对那些恰好考虑结果发生的概率做出最为粗糙的、非常不精确的估计（Dopfer，2011）。

有限理性颠覆了传统博弈均衡解的理论基础。演化博弈理论不再将博弈活动的参与人假定为完全理性，而是认为其通常是通过"试错"的方法达到博弈均衡的。演化博弈并不要求博弈者拥有博弈结构和规则的全部知识，主要通过传递机制而非理性选择获得策略，因此，相对于传统博弈方法更贴近经济现实。在演化博弈过程中的占优策略可以用物种个体的数量进行识别。某种物种的数量越多，证明其在演化过程中的策略是"相对占优"的。此时，其他物种将通过"模仿""复制"和"学习"向这个占优策略进行演化，于是占优策略产生拓展。不成功的演化者将被淘汰，成功的演化者将生存，这个过程被称为"选择"。但是，"选择"的结果又不是一成不变的，一些偶发事件将导致演化过程产生"突变"。"突变"的结果是开始一段新的演化过程，最终达到新的均衡状态。如此周而复始，循环往复。在演化博弈过程中，参与人始终置于"混沌"状态，即处于有限理性过程中。最终的均衡是自然选择的结果，而非源于参与人完全理性的决策。

演化博弈过程中的核心概念是稳态均衡（EES）。其形式化描述可以表达为，对于原策略 $h \in \Delta$，存在进入者可能采取变异策略 $l \in \Delta$，使得变异者占总体的比例为 $\varepsilon \in [0, 1]$，则对于新进入者采用变异策略的概率为 ε，采用现有策略的概率为 $1 - \varepsilon$，于是存在一个混合策略 $\omega = \varepsilon l + (1 - \varepsilon) h \in \Delta$。因此，现有策略的进

入后收益为 $u(h, \omega)$，变异策略的进入后收益为 $u(l, \omega)$。则当且仅当存在 $u[h, \varepsilon l + (1-\varepsilon)h] > u[l, \varepsilon l + (1-\varepsilon)h]$ 时，$h \in \Delta$ 是一个稳态均衡。

一种等价的描述方式是，如果策略 $h \in \Delta$ 是稳态均衡，则其当且仅当满足如式（4-1）和式（4-2）所示为最优反应条件（Smith、Price，1973；Maynard、Price，1974）：

$$u(l, h) \leqslant u(h, h) \quad \forall y \tag{4-1}$$

$$u(l, h) = u(h, h) \Rightarrow u(l, l) < u(h, l) \quad \forall y \neq x \tag{4-2}$$

四、演化博弈过程

1. 仅存在经济补偿机制条件下的演化博弈过程

演化博弈大致可分为两个阶段进行：首先寻找演化平衡点，其次分析平衡点的稳定性。现分析经济关系具有同质性时，上下游地区能否仅借助跨界经济补偿机制产生稳定的河流污染协同治理行为。

假设上下游地区随机地选择自身策略，并展开重复的博弈。上游地区选择削减产能控制排污的概率为 x，选择不削减产能的概率为 $(1-x)$；下游地区选择跨界经济补偿的概率为 y，选择不进行跨界经济补偿的概率为 $(1-y)$。对上游地区，选择削减产能以改善河流水环境的适应度如式（4-3）所示：

$$U_{11} = y[R + \varphi_1 - \mu_1 - (a - 2bq_1 - cq_2)] + (1-y)[\varphi_1 - \mu_1 - (a - 2bq_1 - cq_2)] \tag{4-3}$$

选择不削减产能的适应度如式（4-4）所示：

$$U_{12} = yR + (1-y)0 \tag{4-4}$$

平均适应度如式（4-5）所示：

$$\overline{U}_1 = xU_{11} + (1-x)U_{12} \tag{4-5}$$

由此，上游地区的复制动态方程如式（4-6）所示：

$$F(x) = \frac{dx}{dt} = x(1-x)[\varphi_1 - \mu_1 - (a - 2bq_1 - cq_2)] \tag{4-6}$$

求解关于 x 的一阶导数，如式（4-7）所示：

$$F(x)' = (1-2x)[\varphi_1 - \mu_1 - (a - 2bq_1 - cq_2)] \tag{4-7}$$

令 $F(x) = 0$，解得 $x^* = 0$ 和 $x^* = 1$ 是其中两个可能的稳定点。按照常理，如果不进行跨界经济补偿，上游地区不会主动削减产能以减排对河流的污染，可推

断存在 $[\varphi_1 - \mu_1 - (a - 2bq_1 - cq_2)] < 0$，可知 $F(1)' > 0$，$F(0)' < 0$。因此，$x^* = 0$ 是稳态均衡。

同理，可得到下游地区选择不同策略的适应度和平均适应度，如式（4 - 8）、式（4 - 9）和式（4 - 10）所示：

$$U_{21} = x(\varphi_2 + bq_2 - R') + (1 - x)(- R') \tag{4 - 8}$$

$$U_{22} = x(\varphi_2 + bq_2) + (1 - x)0 \tag{4 - 9}$$

$$\overline{U}_2 = yU_{21} + (1 - y)U_{22} \tag{4 - 10}$$

下游地区的复制动态方程如式（4 - 11）所示：

$$F(y) = \frac{dy}{dt} = y(1 - y)(- R') \tag{4 - 11}$$

求解关于 y 的一阶导数，如式（4 - 12）所示：

$$F(y)' = (1 - 2y)(- R') \tag{4 - 12}$$

令 $F(y) = 0$，解得 $y^* = 0$ 和 $y^* = 1$ 是其中两个可能的稳定点。由于 $R' > 0$，可知 $F(1)' > 0$，$F(0)' < 0$。因此，$y^* = 0$ 是稳态均衡。

根据 Friedman 的方法，通过雅克比矩阵分析平衡点的稳定性。此时的雅克比矩阵如式（4 - 13）所示：

$$J = \begin{bmatrix} \dfrac{\partial F(x)}{\partial x} & \dfrac{\partial F(x)}{\partial y} \\ \dfrac{\partial F(y)}{\partial x} & \dfrac{\partial F(y)}{\partial y} \end{bmatrix} = \begin{bmatrix} (1 - 2x)[\varphi_1 - \mu_1 - (a - 2bq_1 - cq_2)] & 0 \\ 0 & (1 - 2y)(- R') \end{bmatrix}$$

$$\tag{4 - 13}$$

对应的行列式和迹分别如式（4 - 14）和式（4 - 15）所示：

$$\det J = (1 - 2x)(1 - 2y)[\varphi_1 - \mu_1 - (a - 2bq_1 - cq_2)](- R') \tag{4 - 14}$$

$$trJ = (1 - 2x)[\varphi_1 - \mu_1 - (a - 2bq_1 - cq_2)] + (1 - 2y)(- R') \tag{4 - 15}$$

其中，在（0，0）处，如式（4 - 16）所示：

$$\det J = [\varphi_1 - \mu_1 - (a - 2bq_1 - cq_2)](- R') \tag{4 - 16}$$

$$trJ = [\varphi_1 - \mu_1 - (a - 2bq_1 - cq_2)] - R'$$

在（0，1）处，如式（4 - 17）所示：

$$\det J = [\varphi_1 - \mu_1 - (a - 2bq_1 - cq_2)]R' \tag{4 - 17}$$

$$trJ = [\varphi_1 - \mu_1 - (a - 2bq_1 - cq_2)] + R'$$

在（1，0）处，如式（4 - 18）所示：

$$\det J = [\varphi_1 - \mu_1 - (a - 2bq_1 - cq_2)]R' \tag{4 - 18}$$

$$trJ = -[\varphi_1 - \mu_1 - (a - 2bq_1 - cq_2)] - R'$$

在（1，1）处，式（4-19）所示：

$$\det J = -[\varphi_1 - \mu_1 - (a - 2bq_1 - cq_2)]R' \tag{4-19}$$

$$trJ = -[\varphi_1 - \mu_1 - (a - 2bq_1 - cq_2)] + R'$$

上游地区在接受下游地区跨界经济补偿之前存在 $\varphi_1 - \mu_1 - (a - 2bq_1 - cq_2) < 0$，在接受补偿之后存在 $R + \varphi_1 - \mu_1 - (a - 2bq_1 - cq_2) \geqslant 0$。可知当 $R' \geqslant R$，即上游地区经济发达程度不低于下游地区时，雅克比矩阵存在如表 4-3 所示情形。

表 4-3　上游地区经济发达程度不低于下游地区时的稳定性分析结果

局部均衡点	行列式	迹	均衡结果
（0，0）	+	-	ESS
（0，1）	-	+	鞍点
（1，0）	-	-	鞍点
（1，1）	+	+	不稳定点

当 $R > R'$，即下游地区经济发达程度高于上游地区时，雅克比矩阵存在如表 4-4 所示情形。

表 4-4　下游地区经济发达程度高于上游地区时的稳定性分析结果

局部均衡点	行列式	迹	均衡结果
（0，0）	+	-	ESS
（0，1）	-	不确定	鞍点
（1，0）	-	不确定	鞍点
（1，1）	+	+	不稳定点

因此，当上下游地区经济具有同质性时，即便上游地区削减产能即可减少河流的污染物排放，又可增加下游福利水平，但仅依靠跨界经济补偿激励机制仍无法达成（削减，补偿）的协同状态，且上述结论的成立与上下游地区经济发展水平无关。

继续分析上下游地区经济具有互补性时，单纯依靠跨界补偿机制能否使合作成为演化博弈的稳态均衡结果。在经济具有互补性时，上游地区削减 1 单位产能对其自身的影响如式（4-20）所示：

$$\frac{\partial \pi_1}{\partial q_1} = a - 2bq_1 + cq_2 \tag{4-20}$$

对下游地区的影响如式（4-21）所示：

$$\frac{\partial \pi_2}{\partial q_1} = bq_2 \tag{4-21}$$

简化分析，通过计算上下游地区的适应度、复制动态方程及其一阶导数，可得到 $x^* = 0$ 和 $y^* = 0$ 是两个稳态均衡点。雅克比矩阵如式（4-22）所示：

$$J = \begin{bmatrix} \dfrac{\partial F(x)}{\partial x} & \dfrac{\partial F(x)}{\partial y} \\ \dfrac{\partial F(y)}{\partial x} & \dfrac{\partial F(y)}{\partial y} \end{bmatrix} = \begin{bmatrix} (1-2x)\left[\varphi_1 - \mu_1 - (a - 2bq_1 + cq_2)\right] & 0 \\ 0 & (1-2y)(-R') \end{bmatrix}$$

$$\tag{4-22}$$

通过对行列式和迹的计算，可得到：

在（0，0）处，如式（4-23）所示：

$$\det J = \left[\varphi_1 - \mu_1 - (a - 2bq_1 + cq_2)\right](-R') \tag{4-23}$$

$$trJ = \left[\varphi_1 - \mu_1 - (a - 2bq_1 + cq_2)\right] - R'$$

在（0，1）处，如式（4-24）所示：

$$\det J = \left[\varphi_1 - \mu_1 - (a - 2bq_1 + cq_2)\right]R' \tag{4-24}$$

$$trJ = \left[\varphi_1 - \mu_1 - (a - 2bq_1 + cq_2)\right] + R'$$

在（1，0）处，如式（4-25）所示：

$$\det J = \left[\varphi_1 - \mu_1 - (a - 2bq_1 + cq_2)\right]R' \tag{4-25}$$

$$trJ = -\left[\varphi_1 - \mu_1 - (a - 2bq_1 + cq_2)\right] - R'$$

在（1，1）处，如式（4-26）所示：

$$\det J = -\left[\varphi_1 - \mu_1 - (a - 2bq_1 + cq_2)\right]R' \tag{4-26}$$

$$trJ = -\left[\varphi_1 - \mu_1 - (a - 2bq_1 + cq_2)\right] + R'$$

与同质状态相比较，必然存在 $\left[\varphi_1 - \mu_1 - (a - 2bq_1 + cq_2)\right] < \left[\varphi_1 - \mu_1 - (a - 2bq_1 - cq_2)\right] < 0$。因此，可得到 $R \geqslant R'$ 和 $R < R'$ 时的稳定性分析结果，具体如表4-5所示。此时，上下游地区仍然无法达成（削减，补偿）的河流污染协同治理状态。

综合上述研究，可得到命题1：河流污染治理过程中，无论上下游地区经济处于何种经济空间结构，仅通过激励机制都无法实现河流污染的协同治理。

表4-5 经济具有互补性的稳定性分析结果

局部均衡点	行列式	迹	均衡结果
(0, 0)	+	−	ESS
(0, 1)	−	+ 或不确定	鞍点
(1, 0)	−	− 或不确定	鞍点
(1, 1)	+	+	不稳定点

继续对此时上下游地区的福利状态进行比较分析。根据表4-1的支付矩阵和表4-3的稳定性分析结果,上下游地区经济具有同质性时,作为稳定状态(不削减,不补偿)的总福利水平设定如式(4-27)所示:

$$\prod_{0,0} = 0 \qquad (4-27)$$

协同治理状态(削减,补偿)的总福利水平如式(4-28)所示:

$$\prod_{1,1} = \Gamma - \mu_1 - (a - 2bq_1 - cq_2 - bq_2) + \Delta R \qquad (4-28)$$

其中,$\Gamma = \varphi_1 + \varphi_2$,$\Delta R = R - R'$。

福利损失如式(4-29)所示:

$$\Delta\prod = \prod_{0,0} - \prod_{1,1} = \mu_1 + (a - 2bq_1 - cq_2 - bq_2) - \Gamma - \Delta R \qquad (4-29)$$

根据表4-2的支付矩阵和表4-4的稳定性分析结果,上下游地区经济具有互补性时,作为稳定状态(不削减,不补偿)的总福利水平仍设定如式(4-30)所示:

$$\prod{}'_{0,0} = 0 \qquad (4-30)$$

协同治理状态(削减,补偿)的总福利水平如式(4-31)所示:

$$\prod{}'_{1,1} = \Gamma - \mu_1 - (a - 2bq_1 + cq_2 + bq_2) + \Delta R \qquad (4-31)$$

福利损失如式(4-32)所示:

$$\Delta\prod{}' = \prod{}'_{0,0} - \prod{}'_{1,1} = \mu_1 + (a - 2bq_1 + cq_2 + bq_2) - \Gamma - \Delta R \qquad (4-32)$$

与同质状态的福利损失相比较,存在 $\Delta\prod' - \Delta\prod = 2(b + c)q_2 > 0$。因此,在上下游地区经济处于互补状态时,由于激励机制失效造成的福利损失更大。同时,如果 $\Delta R > 0$,则存在 $\frac{\partial\Delta\prod}{\partial\Delta R} < 0$ 和 $\frac{\partial\Delta\prod'}{\partial\Delta R'} < 0$;如果 $\Delta R < 0$,则 $\frac{\partial\Delta\prod}{\partial\Delta R} > 0$ 和 $\frac{\partial\Delta\prod'}{\partial\Delta R'} > 0$。因此,与下游地区相比较,上游地区经济发达程度越高,福利损失就越大。

由此可得到命题2:虽然经济空间结构不会影响上下游地区在河流污染治理

过程中的稳态均衡，但却会影响福利水平。上下游地区之间经济的互补性越强，由于机制失效造成的潜在损失越大；地区间经济的同质性越强，由于机制失效造成的潜在损失越小。同时，上游地区经济越发达，由于机制失效造成的潜在损失越大；下游地区经济越发达，由于机制失效造成的潜在损失越小。

2. 引入惩罚机制条件下的演化博弈过程

河流污染协同治理的本质是上下游地区之间通过合作达成河流水环境质量的改善。但其中的悖论在于，某些合作者可能产生背叛，借助机会主义行为采取"搭便车"的方式获利，使其自身的收益超过采取合作行为人的收益。结果将使得其他参与人"模仿"和"复制"这种机会主义行为，最终合作者将在"选择"中被淘汰。仅存在经济补偿机制条件下的演化博弈稳态均衡结果恰恰证明了以上判断。

解决上述困境的有效途径是惩罚机制的建立。最开始阶段，群体中的极少数合作者产生"突变"，转变为惩罚者：自身既选择合作行为，还惩罚那些采取机会主义行为的背叛者。如果惩罚成本大于机会主义行为带来的收益，参与人就不会再采取背叛行为，合作将成为稳态均衡解。随着群体的演化，惩罚者趋向于独立，不再参与博弈过程，而是演化成依靠国家强制力监督博弈过程的"第三方"。当然，惩罚不是免费的午餐，为了维持惩罚者的生存，需要付出一定的制度成本。这个制度成本是保证合作成为演化博弈稳态均衡结果的必要损耗。

具体到河流污染协同治理过程中，假设存在一种约束机制能够保证惩罚者对机会主义行为（上游削减产能，下游不进行补偿；下游进行补偿，上游不削减产能）进行惩戒。由此得到上下游地区经济空间结构处于同质和互补两种状态下的支付矩阵，具体如表4-6和表4-7所示。

表4-6　引入惩罚机制后经济具有同质性的支付矩阵

		下游地区	
		补偿（合作）	不补偿（不合作）
上游地区	削减（合作）	$R + \varphi_1 - \mu_1 - (a - 2bq_1 - cq_2)$ $\varphi_2 - (-bq_2) - R'$	$\varphi_1 - \mu_1 - (a - 2bq_1 - cq_2) + p\gamma - \varepsilon$ $\varphi_2 - (-bq_2) - p\gamma'$
	不削减（不合作）	$R - p\gamma$ $-R' + p\gamma' - \varepsilon'$	0 0

表 4 - 7　引入惩罚机制后经济具有互补性的支付矩阵

		下游地区	
		补偿（合作）	不补偿（不合作）
上游地区	削减（合作）	$R + \varphi_1 - \mu_1 - (a - 2bq_1 + cq_2)$ $\varphi_2 - bq_2 - R'$	$\varphi_1 - \mu_1 - (a - 2bq_1 + cq_2) + p\gamma - \varepsilon$ $\varphi_2 - bq_2 - p\gamma'$
	不削减（不合作）	$R - p\gamma$ $-R' + p\gamma' - \varepsilon'$	0 0

其中，γ 或 γ' 为在惩罚机制下机会主义行为一方支付给另一方面的违约金。与 R 和 R' 对应的经济含义类似，如果 $\gamma > \gamma'$，下游地区经济发达程度更高；如果 $\gamma < \gamma'$，上游地区经济发达程度更高；如果 $\gamma = \gamma'$，两地区经济水平相当。ε 或 ε' 为因获取证据、搜集信息等而发生的制度成本，p 为惩戒成功的概率。

根据表 4 - 6 所示的支付矩阵，可得到上游地区选择不同策略的适应度和平均适应度，如式（4 - 33）、式（4 - 34）和式（4 - 35）所示：

$$U_{11} = y[R + \varphi_1 - \mu_1 - (a - 2bq_1 - cq_2)] + (1 - y)[\varphi_1 - \mu_1 - (a - 2bq_1 - cq_2) +$$
$$p\gamma - \varepsilon] \tag{4 - 33}$$

$$U_{12} = y(R - p\gamma) + (1 - y)0 \tag{4 - 34}$$

$$\overline{U}_1 = xU_{11} + (1 - x)U_{12} \tag{4 - 35}$$

复制动态方程及一阶导数分别如式（4 - 36）和式（4 - 37）所示：

$$F(x) = \frac{dx}{dt} = x(1 - x)[\varphi_1 - \mu_1 - (a - 2bq_1 - cq_2) + p\gamma - \varepsilon + y\varepsilon] \tag{4 - 36}$$

$$F(x)' = (1 - 2x)[\varphi_1 - \mu_1 - (a - 2bq_1 - cq_2) + p\gamma - \varepsilon + y\varepsilon] \tag{4 - 37}$$

令 $F(x) = 0$，解得 $x^* = 0$、$x^* = 1$ 和 $y^* = -\dfrac{\varphi_1 - \mu_1 - (a - 2bq_1 - cq_2) + p\gamma - \varepsilon}{\varepsilon}$

是可能的稳定点。当 $y = y^* = -\dfrac{\varphi_1 - \mu_1 - (a - 2bq_1 - cq_2) + p\gamma - \varepsilon}{\varepsilon}$ 时，由于总存在 $F(x) = 0$，因此对于所有的 x 都是稳定的；当 $y > y^* = -\dfrac{\varphi_1 - \mu_1 - (a - 2bq_1 - cq_2) + p\gamma - \varepsilon}{\varepsilon}$ 时，由于存在 $F(1)' < 0$ 和 $F(0)' > 0$，此时仅 $x^* = 1$ 是稳态均衡；当 $y < y^* = -\dfrac{\varphi_1 - \mu_1 - (a - 2bq_1 - cq_2) + p\gamma - \varepsilon}{\varepsilon}$ 时，由于存在 $F(1)' > 0$ 和 $F(0)' < 0$，$x^* = 0$ 是稳态均衡。

同理，可得到下游地区选择不同策略的适应度和平均适应度，如式（4 - 38）、式（4 - 39）和式（4 - 40）所示：

$$U_{21} = x(\varphi_2 + bq_2 - R') + (1 - x)(-R' + p\gamma' - \varepsilon') \tag{4-38}$$

$$U_{22} = x(\varphi_2 + bq_2 - p\gamma') + (1 - x)0 \tag{4-39}$$

$$\overline{U}_2 = yU_{21} + (1 - y)U_{22} \tag{4-40}$$

复制动态方程及一阶导数分别如式（4 - 41）和式（4 - 42）所示：

$$F(y) = \frac{dy}{dt} = y(1 - y)(-R' + p\gamma' - \varepsilon' + x\varepsilon') \tag{4-41}$$

$$F(y)' = (1 - 2y)(-R' + p\gamma' - \varepsilon' + x\varepsilon') \tag{4-42}$$

令 $F(y) = 0$，解得 $y^* = 0$、$y^* = 1$ 和 $x^* = -\dfrac{-R' + p\gamma' - \varepsilon'}{\varepsilon}$ 是可能的稳定点。

当 $x = x^* = -\dfrac{-R' + p\gamma' - \varepsilon'}{\varepsilon}$ 时，总存在 $F(y) = 0$，所有的 y 都是稳定的；当 $x > x^* = -\dfrac{-R' + p\gamma' - \varepsilon'}{\varepsilon}$ 时，存在 $F(1)' < 0$，$F(0)' > 0$，$y^* = 1$ 是稳态均衡；当 $x < x^* = -\dfrac{-R' + p\gamma' - \varepsilon'}{\varepsilon}$ 时，存在 $F(1)' > 0$，$F(0)' < 0$，$y^* = 0$ 是稳态均衡。

在此基础上，得到雅克比矩阵，如式（4 - 43）所示：

$$J = \begin{bmatrix} \dfrac{\partial F(x)}{\partial x} & \dfrac{\partial F(x)}{\partial y} \\ \dfrac{\partial F(y)}{\partial x} & \dfrac{\partial F(y)}{\partial y} \end{bmatrix} = \begin{bmatrix} (1 - 2x)[\varphi_1 - \mu_1 - (a - 2bq_1 - cq_2) + p\gamma - \varepsilon + y\varepsilon] & x(1 - x)\varepsilon \\ y(1 - y)\varepsilon' & (1 - 2y)(-R' + p\gamma' - \varepsilon' + x\varepsilon') \end{bmatrix}$$

$$\tag{4-43}$$

通过对行列式和迹的计算，可得到：

在（0，0）处，如式（4 - 44）所示：

$$\det J = [\varphi_1 - \mu_1 - (a - 2bq_1 - cq_2) + p\gamma - \varepsilon](-R' + p\gamma' - \varepsilon') \tag{4-44}$$

$$trJ = [\varphi_1 - \mu_1 - (a - 2bq_1 - cq_2) + p\gamma - \varepsilon] + (-R' + p\gamma' - \varepsilon')$$

在（0，1）处，如式（4 - 45）所示：

$$\det J = -[\varphi_1 - \mu_1 - (a - 2bq_1 - cq_2) + p\gamma](-R' + p\gamma' - \varepsilon') \tag{4-45}$$

$$trJ = [\varphi_1 - \mu_1 - (a - 2bq_1 - cq_2) + p\gamma] - (-R' + p\gamma' - \varepsilon')$$

在（1，0）处，如式（4 - 46）所示：

$$\det J = -[\varphi_1 - \mu_1 - (a - 2bq_1 - cq_2) + p\gamma - \varepsilon](-R' + p\gamma') \tag{4-46}$$

$$trJ = -[\varphi_1 - \mu_1 - (a - 2bq_1 - cq_2) + p\gamma - \varepsilon] + (-R' + p\gamma')$$

在（1，1）处，如式（4-47）所示：

$$\det J = [\varphi_1 - \mu_1 - (a - 2bq_1 - cq_2) + p\gamma](-R' + p\gamma') \tag{4-47}$$

$$trJ = -[\varphi_1 - \mu_1 - (a - 2bq_1 - cq_2) + p\gamma] - [-R' + p\gamma']$$

在 E (x_0, y_0) 处，如式（4-48）所示：

$$y_0 = -\frac{\varphi_1 - \mu_1 - (a - 2bq_1 - cq_2) + p\gamma - \varepsilon}{\varepsilon} \tag{4-48}$$

$$x_0 = -\frac{-R' + p\gamma' - \varepsilon'}{\varepsilon'}$$

如表4-8所示，只要惩戒力度大到足以弥补因对方采取机会主义行为而造成的经济损失，即存在 $p\gamma - \varepsilon > -[\varphi_1 - \mu_1 - (a - 2bq_1 - cq_2)]$ 和 $p\gamma' - \varepsilon' > R'$ 时，上下游地区即可达成（削减，补偿）的河流污染协同治理状态。反之，当存在 $p\gamma - \varepsilon < -[\varphi_1 - \mu_1 - (a - 2bq_1 - cq_2)]$ 和 $p\gamma' - \varepsilon' < R'$ 时，得到的雅克比矩阵如表4-9所示。此时，上下游地区不能达成（削减，补偿）的协同状态。

表4-8 经济具有同质性且惩戒力度足够大时的稳定性分析结果

局部均衡点	行列式	迹	均衡结果
(0, 0)	+	+	不稳定点
(0, 1)	−	不确定	鞍点
(1, 0)	−	不确定	鞍点
(1, 1)	+	−	ESS
E (x_0, y_0)	−	0	鞍点

表4-9 经济具有同质性且惩戒力度较小时的稳定性分析结果

局部均衡点	行列式	迹	均衡结果
(0, 0)	+	−	ESS
(0, 1)	−	不确定	鞍点
(1, 0)	−	不确定	鞍点
(1, 1)	+	+	不稳定点
E (x_0, y_0)	+	0	鞍点

同理，继续考虑上下游地区经济具有互补关系时的演化博弈结果。依据表4-7，当上下游地区经济具有互补性时，通过分别计算适应度、复制动态方程及

一阶导数，可得到以下结果：

对于上游地区，$x^* = 0$、$x^* = 1$ 和 $y^* = -\dfrac{\varphi_1 - \mu_1 - (a - 2bq_1 + cq_2) + p\gamma - \varepsilon}{\varepsilon}$ 是可能的稳定点。当 $y = y^* = -\dfrac{\varphi_1 - \mu_1 - (a - 2bq_1 + cq_2) + p\gamma - \varepsilon}{\varepsilon}$ 时，总存在 $F(x) = 0$，此时对于所有的 x 都是稳定的；当 $y > y^* = -\dfrac{\varphi_1 - \mu_1 - (a - 2bq_1 + cq_2) + p\gamma - \varepsilon}{\varepsilon}$ 时，存在 $F(1)' < 0$ 和 $F(0)' > 0$，此时仅 $x^* = 1$ 是稳态均衡；当 $y < y^* = -\dfrac{\varphi_1 - \mu_1 - (a - 2bq_1 + cq_2) + p\gamma - \varepsilon}{\varepsilon}$ 时，存在 $F(1)' > 0$ 和 $F(0)' < 0$，$x^* = 0$ 是稳态均衡。

对于下游地区，$y^* = 0$、$y^* = 1$ 和 $x^* = -\dfrac{-R' + p\gamma' - \varepsilon'}{\varepsilon}$ 是其中的稳定点。当 $x = x^* = -\dfrac{-R' + p\gamma' - \varepsilon'}{\varepsilon}$ 时，总存在 $F(y) = 0$，此时所有的 y 都是稳定的；当 $x > x^* = -\dfrac{-R' + p\gamma' - \varepsilon'}{\varepsilon}$ 时，存在 $F(1)' < 0$ 和 $F(0)' > 0$，$y^* = 1$ 是稳态均衡；当 $x < x^* = -\dfrac{-R' + p\gamma' - \varepsilon'}{\varepsilon}$ 时，存在 $F(1)' > 0$ 和 $F(0)' < 0$，$y^* = 0$ 是稳态均衡。

构建雅克比矩阵，如式（4-49）所示：

$$J = \begin{bmatrix} \dfrac{\partial F(x)}{\partial x} & \dfrac{\partial F(x)}{\partial y} \\ \dfrac{\partial F(y)}{\partial x} & \dfrac{\partial F(y)}{\partial y} \end{bmatrix} = \begin{bmatrix} (1-2x)[\varphi_1 - \mu_1 - (a - 2bq_1 + cq_2) + p\gamma - \varepsilon + y\varepsilon] & x(1-x)\varepsilon \\ y(1-y)\varepsilon' & (1-2y)(-R' + p\gamma' - \varepsilon' + x\varepsilon') \end{bmatrix}$$

$$(4-49)$$

在（0，0）处，如式（4-50）所示：

$$\det J = [\varphi_1 - \mu_1 - (a - 2bq_1 + cq_2) + p\gamma - \varepsilon](-R' + p\gamma' - \varepsilon') \qquad (4-50)$$

$$\mathrm{tr}J = [\varphi_1 - \mu_1 - (a - 2bq_1 + cq_2) + p\gamma - \varepsilon] + (-R' + p\gamma' - \varepsilon')$$

在（0，1）处，如式（4-51）所示：

$$\det J = -[\varphi_1 - \mu_1 - (a - 2bq_1 + cq_2) + p\gamma](-R' + p\gamma' - \varepsilon') \qquad (4-51)$$

$$\mathrm{tr}J = [\varphi_1 - \mu_1 - (a - 2bq_1 + cq_2) + p\gamma] - (-R' + p\gamma' - \varepsilon')$$

在（1，0）处，如式（4-52）所示：

$$\det J = -[\varphi_1 - \mu_1 - (a - 2bq_1 + cq_2) + p\gamma - \varepsilon](-R' + p\gamma') \qquad (4-52)$$

$$trJ = -\left[\varphi_1 - \mu_1 - (a - 2bq_1 + cq_2) + p\gamma - \varepsilon\right] + (-R' + p\gamma')$$

在（1，1）处，如式（4-53）所示：

$$\det J = \left[\varphi_1 - \mu_1 - (a - 2bq_1 + cq_2) + p\gamma\right](-R' + p\gamma') \qquad (4-53)$$

$$trJ = -\left[\varphi_1 - \mu_1 - (a - 2bq_1 + cq_2) + p\gamma\right] - \left[-R' + p\gamma'\right]$$

在 $E(x_0, y_0)$ 处，如式（4-54）所示：

$$y_0 = -\frac{\varphi_1 - \mu_1 - (a - 2bq_1 + cq_2) + p\gamma - \varepsilon}{\varepsilon} \qquad (4-54)$$

$$x_0 = -\frac{-R' + p\gamma' - \varepsilon'}{\varepsilon}$$

存在 $p\gamma - \varepsilon > -\left[\varphi_1 - \mu_1 - (a - 2bq_1 + cq_2)\right]$ 和 $p\gamma' - \varepsilon' > R'$ 时的稳定性分析结果与表 4-8 相当，存在 $p\gamma - \varepsilon < -\left[\varphi_1 - \mu_1 - (a - 2bq_1 + cq_2)\right]$ 和 $p\gamma' - \varepsilon' < R'$ 时的分析结果与表 4-9 相当。因此，当上下游地区经济空间结构处于互补状态时，只要惩戒力度足够大，（削减，补偿）的协同治理状态依然是稳态均衡。

综合上述研究，可得到命题 3：无论上下游地区处于何种经济空间结构，只有当惩戒力度大到足以弥补因对方采取机会主义行为而造成的经济损失时，激励机制与惩罚机制之间的相互配合才能实现河流污染的协同治理。

继续比较引入惩罚机制之后，上下游地区在不同经济空间结构下的福利状态。根据表 4-6 的支付矩阵和表 4-8 的稳定性分析结果，上下游地区经济空间结构具有同质性时，作为稳定状态（削减，补偿）对应的总福利水平如式（4-55）所示：

$$\Pi''_{1,1} = \Gamma - \mu_1 - (a - 2bq_1 - cq_2 - bq_2) + \Delta R - \varepsilon \qquad (4-55)$$

相较于仅存在激励机制时（削减，补偿）状态的福利水平 $\Pi_{1,1} = \Gamma - \mu_1 - (a - 2bq_1 - cq_2 - bq_2) + \Delta R$，福利损失为制度成本 ε。ε 为达成协同治理所必须付出的。

同理，上下游地区经济具有互补性时，作为稳定状态（削减，补偿）的总福利水平如式（4-56）所示：

$$\Pi'''_{1,1} = \Gamma - \mu_1 - (a - 2bq_1 + cq_2 + bq_2) + \Delta R - \varepsilon \qquad (4-56)$$

与仅存在激励机制时（削减，补偿）状态的福利水平 $\Pi'_{1,1} = \Gamma - \mu_1 - (a - 2bq_1 + cq_2 + bq_2) + \Delta R$ 相比较，福利损失仍为制度成本 ε。

由此可得到命题 4：无论上下游地区处于何种经济空间结构，河流污染协同治理的达成必然须辅之以一定的制度成本，这是实现协同状态所必须承担的福利损耗。

区别之处在于，由于存在 $[\varphi_1 - \mu_1 - (a - 2bq_1 + cq_2)] < [\varphi_1 - \mu_1 - (a - 2bq_1 - cq_2)] < 0$，因此也就可能存在 $-[\varphi_1 - \mu_1 - (a - 2bq_1 - cq_2)] < p\gamma - \varepsilon < -[\varphi_1 - \mu_1 - (a - 2bq + cq_2)]$。相对于经济具有互补关系时，在上下游地区经济空间结构具有同质性时，一个相对更小的惩戒力度就可以使得 $p\gamma - \varepsilon > -[\varphi_1 - \mu_1 - (a - 2bq_1 - cq_2)]$ 成立。

由此可得到命题 5：虽然经济空间结构不会影响河流污染协同治理的稳态均衡，但会影响惩罚机制中所必需的惩戒力度。地区间经济同质性越强，所必需的惩戒力度就越小；地区间产业互补性越强，所必需的惩戒力度就越大。

此外，由于存在 $\Pi'''_{1,1} - \Pi''_{1,1} = 2(b + c)q_2 > 0$，在上下游地区经济具有互补关系时，协同治理产生的福利改进相对明显。此时，上下游地区将有更强的动力选择合作行为。由此可知，虽然从"质"的角度而言惩罚机制对于实现河流污染协同治理都是必需的，但在同等惩戒力度条件下，从"量"的角度来看上下游地区间经济具有互补性时，达成协同治理的可能性更高。

由此可得到命题 6：地区间经济的互补性越强，河流污染协同治理产生的福利改进程度越高，选择协同治理的可能性也就越高；地区间经济的同质性越强，河流污染协同治理产生的福利改进程度越低，选择协同治理的可能性也就越低。

同时，如果 $\Delta R > 0$，则存在 $\frac{\partial \Delta \pi''}{\partial \Delta R} > 0$ 和 $\frac{\partial \Delta \pi'''}{\partial \Delta R} > 0$；如果 $\Delta R < 0$，则 $\frac{\partial \Delta \pi''}{\partial \Delta R} < 0$ 和 $\frac{\partial \Delta \pi'''}{\partial \Delta R} < 0$。因此，与上游地区相比，下游地区经济越发达，福利改进就越明显。由此可以推知，从"量"的角度来看下游地区经济越发达，双方达成河流污染协同治理可能性也就越强。

由此可得到命题 7：下游地区经济越发达，河流污染协同治理产生的福利改进程度越高，选择协同治理的可能性也就越高；上游地区经济越发达，河流污染协同治理产生的福利改进程度越低，选择协同治理的可能性也就越低。

五、行为的仿真模拟

由于演化博弈得到的稳态均衡结果很难通过实证数据予以检验，因此采用仿真分析技术对不同经济空间结构下上下游地区在河流污染治理过程中的行为选择及其均衡结果进行模拟。

在上下游地区的经济联系具有同质性时，假设下游参与人提出上游地区每削减1单位产出就给予对方20单位的经济补偿，即 $R = 20$。同时，假设指数回报率为1（规模报酬不变），变异概率为0.001，上游地区选择削减产能以控制污染的概率为0.01，下游地区选择跨界补偿以达成合作减排的概率为0.1，运用PGG－SP C＋＋2.0软件经过5000期演化博弈得到的仿真结果如图4－1所示。①

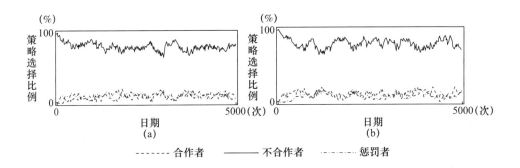

图4－1　仅存在经济补偿机制条件下演化博弈的仿真结果

如图4－1（a）所示，在仅存在跨界经济补偿机制的情况下，将有80.25%的参与人选择不合作。在其他条件不变的条件下，如果上下游地区间经济是互补关系的，则必然存在 $[\varphi_1 - \mu_1 - (a - 2bq_1 + cq_2)] < [\varphi_1 - \mu_1 - (a - 2bq_1 - cq_2)] < 0$，根据演化博弈得到的命题，必然存在一个更高的补偿金额，才可能发挥与经济处于同质状态下相同的效果。假设 $R = 40$，仿真得到的结果如图4－1（b）所示。结果显示，仍有75.15%的参与人会选择不合作。仿真结果与命题1的结论一致，即无论上下游地区之间处于何种经济空间结构，单纯依靠激励机制无法使大多数博弈参与人选择合作策略，河流污染的协同治理因此不会形成。

现引入惩罚机制，假设机会主义行为一方支付给合作方的违约金 $\gamma = 20$，在这个过程中惩罚成功的概率 $p = 0.8$，同时存在一个制度成本 $\varepsilon = 5$。上下游地区经济具有互补性和同质性两种状态下的仿真结果如图4－2（a）和图4－2（b）所示。结果说明，随着惩罚机制的引入，选择不合作的人数比例分别减少为

---

① 软件下载自浙江大学跨学科社会科学研究中心主任叶航教授个人主页，http：//mypage. zju. edu. cn/yehang/656321. html。

66.75% 和 71.07%。但由于 $p\gamma < R$，即惩戒力度不足以弥补因对方机会主义行为而造成的经济损失，河流污染的协同治理仍然很难达成。

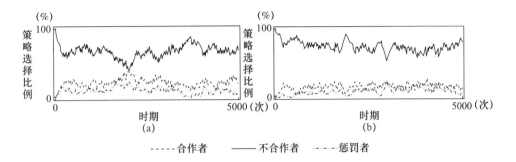

图 4 - 2　引入轻惩罚机制条件下演化博弈的仿真结果

继续加大惩罚力度，假设 $\gamma = 100$。在上下游地区经济互补和同质两种状态下的仿真结果如图 4 - 3（a）和图 4 - 3（b）所示。结果显示，随着惩戒力度的加大，选择不合作的参与人比例分别降至 24.80% 和 29.1%。上下游地区河流污染的协同治理状况明显改善，这与理论推演所得到命题 3 的结论是高度吻合的。因此，即使在博弈初始阶段上下游地区相关主体可能并不具有合作动机，但只要辅之以力度适当的激励和惩罚机制，河流污染的协同治理仍然是可能达成的。同时，由于在经济具有互补性时选择不合作的参与人数比例（24.80%）低于经济具有同质性时选择不合作的参与人数比例（29.1%），可从侧面证明，地区间经济的互补性越强，选择协同治理的可能性也就越高；地区间经济的同质性越强，选择协同治理的可能性也就越低。该结论与命题 6 的推演结果也是一致的。

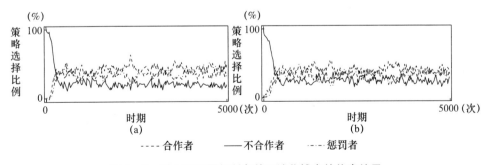

图 4 - 3　引入重惩罚机制条件下演化博弈的仿真结果

在此基础上引入地区间经济发展水平差异变量。假设上下游地区经济处于互补状态，考虑参与人采取机会主义行为可能受到的惩罚，上游地区为 $yp\gamma$，下游地区为 $yp\alpha\gamma$。其中，α 为调整系数。当 $\alpha > 1$ 时，$\gamma < \gamma'$ 意味着上游地区经济发达程度更高；当 $\alpha < 1$ 时，$\gamma > \gamma'$ 意味着下游地区经济发达程度更高；当 $\alpha = 1$ 时，$\gamma = \gamma'$ 意味着两地区经济发达程度相当。假设 $\alpha = 2$，即上游地区经济发达程度更高，则当 $\gamma = 100$ 时模拟得到的仿真结果如图 4-4（a）所示；假设 $\alpha = 0.5$，即下游地区经济发达程度更高，模拟得到的仿真结果如图4-4（b）所示。结果显示，当 $\alpha = 2$，即上游地区经济发达程度更高时，将仍有 28.74% 的参与人选择不合作，超过上下游地区间经济发展水平一致时 24.80% 的不合作比例；与之对应，$\alpha = 0.5$，即下游地区经济发达程度更高时，参与人选择不合作的人数将下降至 18.11%，低于上下游地区间经济发展水平一致时选择不合作比例。仿真结果说明，随着下游地区经济发达程度的提高，将有更多的参与人选择合作处理上下游地区间的河流污染问题，协同治理更易于成为稳态均衡结果。该结论与命题7的理论推演结果是一致的。

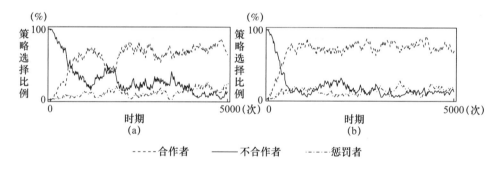

图 4-4 上下游地区经济发达程度存在差异情况下的仿真结果

综合以上研究，无论处于何种经济空间结构，经济补偿机制与惩罚机制都是保证河流污染协同治理稳定实现的必要条件。虽然经济空间结构从"质"的方面不会改变河流污染协同治理实现的必要条件，但却会从"量"的方面影响协同治理实现的可能性：下游地区经济越发达，上下游之间经济的互补性越高，河流污染协同治理产生的福利改进空间就越大，实现协同治理的可能性也就越高。

第三节　区位中心性、经济联系紧密性与河流污染协同治理

一、理论解释

首先，对于区位中心性而言，根据 R. Krugman（1991）的"核心—边缘"理论，特定区域内部各地区间是一个相互联系的经济系统。在这个经济系统中，核心与边缘之间存在着不平等的发展关系。由于核心区居于这整个区域经济发展的关键位置，要素会向核心区集中，给核心区带来更高的劳动生产率、更快的技术进步、更大的市场需求和更多的产品创新。边缘区的发展依附于核心区，随着区域内部信息交流的增加和经济联系的增强，核心区的生产方式、技术创新等将扩散到边缘区。根据"核心—边缘"理论，河流上下游地区谁处于区域的中心位置，其生产方式将会扩散到另外一个地区。换句话说，在一个流域内，如果居于中心位置的地区生产方式是清洁的，污染物排放水平或强度是低的，则有利于其他地区模仿采取清洁的生产方式，进而带来整个河流排污量的减少；反之，如果居于中心位置的地区生产方式是污染的，污染物排放水平或强度是高的，则会导致其他地区模仿采取污染的生产方式，进而带来整个河流排污量的增加。

其次，从地区间的经济联系程度角度看，紧密的经济联系有利于形成"你中有我，我中有你"的利益共同体。河流污染协同治理面临的最大困难就是污染行为的负外部性，或者说是治理行为的正外部性。上下游之间形成紧密的经济联系能够使排污行为带来的外部性在区域内部不同地区之间实现内部化，进而增强污染治理的协同性。

因此，综合上述理论分析，存在一个采用清洁生产方式的区位中心，地区之间能够产生紧密的经济联系，这些都有助于河流污染协同治理行为的产生。以下将对理论分析结果进行进一步证明。

二、经济联系紧密性与河流污染协同治理行为之间的关系

假设河流上下游之间存在 A、B、C 三个地区，具体位置关系如图 4 - 5 所示。其中，A 地区位于河流上游，B 地区和 C 地区位于河流下游的两条支流，且 B 地区和 C 地区都倾向于 A 地区能够采取更为清洁的生产方式，期望其能够通过降低生产过程中污染要素的投入减少对河流的污染。

图 4 - 5　理论证明过程中的地区关系

A 地区在生产过程中有 x_A 和 y_A 两种可以相互替代的生产要素可供选择。其中，x_A 为清洁要素，y_A 为污染要素，要素间的边际技术替代率为 $\frac{\partial y_A}{\partial x_A} = -\frac{\partial q_A}{\partial x_A} \Big/ \frac{\partial q_A}{\partial y_A}$。生产过程中如果能够减少 y_A 的投入，则意味着 A 地区可以减少对河流污染物的排放，进而改善河流的水环境。对于 A 地区的生产函数 $q_A = q_A(x_A, y_A)$，存在 $\frac{\partial q_A}{\partial x_A} > 0$ 和 $\frac{\partial q_A}{\partial y_A} > 0$，以及 $\frac{\partial^2 q_A}{\partial x_A \partial x_A} < 0$ 和 $\frac{\partial^2 q_A}{\partial y_A \partial y_A} < 0$。其中，二阶偏导为负说明要素投入的边际产出是逐步递减的。这也就意味着在技术水平不变的条件下，随着污染要素 y_A 投入量的下降，其边际产出水平 $\frac{\partial q_A}{\partial y_A}$ 是逐步增加的。此时，A 地区的利润函数如式（4 - 57）所示：

$$\pi_A = p_A q_A(x_A, y_A) - c_{A1} x_A - c_{A2} y_A \tag{4-57}$$

其中，p_1 为 A 地区产出商品的价格，c_{A1} 为清洁要素的单位成本，c_{A2} 为与污染要素相关的单位成本。c_{A2} 一般由两部分组成：一部分为污染要素自身的单位价

格，另一部分为单位污染要素投入给本地区环境所带来的损失。为简便起见，假设 p_1、c_{A1}、c_{A2} 三个变量对于 A 地区全部是外生的。

显然，A 地区污染要素 y_1 的最优投入如式（4-58）所示：

$$\frac{\partial F}{\partial y_1} = \frac{c_{A2}}{p_1} \tag{4-58}$$

由于只有污染要素 y_1 投入量的下降才会引致其边际产出水平 $\frac{\partial F}{\partial y_1}$ 的增加，则由式（4-58）可知，仅就 A 地区自身而言，如果要控制污染要素的投入数量进而减少污染物的排放，有两条路径可供选择：其一，降低产出商品的价格水平，现实中往往通过限制污染品需求数量（如限塑令等）或开发新的清洁替代品（如清洁能源补贴政策等）等方法予以实现；其二，提高污染要素自身的单位使用成本，现实中往往通过对污染要素使用征收排污税（费）的方式予以实现。

从两个角度定义上下游地区之间的经济联系。首先，从"质"的角度，假设下游的 B 地区和 C 地区两个地区产业结构完全异化。也就是说，上游 A 地区产出的商品 q_A 要么全部销往 B 地区，要么全部销往 C 地区，这主要取决于哪个地区与 A 地区存在更加紧密的产业关联。现实中，产业关联度与产业结构关系两个概念密切相关。如果两个地区之间产业结构同构程度过高，则难以形成区际间产业互补，不利于产业关联度的提升。与之相反，如果两个地区之间产业结构差异程度过大，则意味着经济异质性过高，地区间难以形成有效的产业衔接，也不利于产业关联度的提升。因此，如果上述分析能够成立，则如图4-6所示，产业关联程度与产业结构的同构程度之间应该呈现倒"U"型的关系。完全产业同构（c 点）和产业结构的完全差异化（a 点）都不利于地区间产业关联度的提

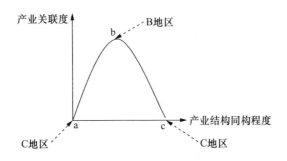

图 4-6 产业关联度与产业同构程度关系

升。只有倒"U"型曲线的顶点（b 点），产业同构程度处于恰当的水平，两个地区之间的产业关联度水平才是最高的。为简化研究，假设 B 地区位于倒"U"型曲线的顶点位置，与上游 A 地区存在密切的产业关联。此时，A 地区的全部产出 q_A 全部销往 B 地区。与之对应，假设 C 地区位于倒"U"型曲线的底角位置（a 点或 c 点），与上游 A 地区不存在产业关联，A 地区也就不会有产品销往 C 地区。

利用服从 0、1 分布的参数 I 描述 A、B、C 三个地区之间的关系：如果与 A 地区存在产业关联，则存在 $I=1$；如果与 A 地区不存在产业关联，则存在 $I=0$。根据上述地区间产业关联度的假设，B 地区的生产函数如式（4-59）所示：

$$q_B(x_B, I \cdot q_A) = q_B[x_B, q_A(x_A, y_A)] \tag{4-59}$$

C 地区的生产函数如式（4-60）所示：

$$q_C[x_C, (1-I) \cdot q_A] = q_C(x_C) \tag{4-60}$$

首先，x_B 和 x_C 可分别设定为 B 和 C 两个地区生产过程中清洁要素的投入。其次，对于 B 地区，还可以从"量"的角度进一步定义上下游地区之间的经济联系。对于 B 地区的生产函数 $q_B(x_B, q_A)$，源于本地的清洁要素 x_B 和采购自 A 地区的生产要素 q_A 是可以相互替代的，边际技术替代率为 $\frac{\partial q_A}{\partial x_B} = -\frac{\partial q_B}{\partial x_B} \Big/ \frac{\partial q_B}{\partial q_A}$。同时，还存在着 $\frac{\partial q_B}{\partial x_B} > 0$ 和 $\frac{\partial q_B}{\partial q_A} > 0$，以及 $\frac{\partial^2 q_B}{\partial x_B \partial x_B} < 0$ 和 $\frac{\partial^2 q_B}{\partial q_A \partial q_A} < 0$。$\frac{\partial q_B}{\partial q_A}$ 反映了 A 和 B 两个地区的经济联系强度。两个地区之间的经济联系越紧密，则意味着 B 地区将有更多的生产要素采购自 A 地区，因此 q_A 的值也就越大。根据要素边际产出递减规律，随着 q_A 的增加，$\frac{\partial q_B}{\partial q_A}$ 应该是逐步下降的。从这个意义上讲，在技术水平不变的条件下，地区间经济联系越紧密，$\frac{\partial q_B}{\partial q_A}$ 的值应该越低。此时，B 地区的利润函数如式（4-61）所示：

$$\pi_B = p_B q_B(x_B, q_A) - c_{B1} x_B - p_A q_A(x_A, y_A) - c_{B2} y_A \tag{4-61}$$

其中，p_B 为 B 地区产出商品价格，c_{B1} 为采购自本地区清洁要素的单位成本，c_{B2} 是由于 A 地区投入污染要素给 B 地区造成的外部性影响。为简单起见，假设以上参数都是外生的。为了分析 B 地区期望 A 地区污染要素的最优投入，对 B 地区求解关于污染要素投入的一阶条件 $\frac{\partial \pi_B}{\partial y_A} = 0$，解得如式（4-62）所示：

$$\frac{\partial q_A}{\partial y_A} = \frac{c_{B2}}{p_B \dfrac{\partial q_B}{\partial q_A} - p_A} \tag{4-62}$$

由此可知，可能会使得上游 A 地区减少污染要素投入的情形包括以下几种：①A 地区生产过程中污染行为产生的外部性增强将使得 c_{B2} 变大，从而导致下游 B 地区所受到的负外部性影响变大，进而引致 $\dfrac{\partial q_A}{\partial y_A}$ 逐渐增加，B 地区期望 A 地区减少污染要素 y_A 投入；②采购自 A 地区商品价格 p_A 上升将使得 B 地区使用生产要素 y_A 的成本增加，因此 B 地区会减少污染要素 y_A 的投入量；③B 地区产出商品价格 p_B 下降将使得其减少产出水平，在其他条件不变的情况下自然就会减少从 A 地区采购生产要素；④上下游地区间经济联系强度的增强意味着 B 地区将有更多的投入要素采购自 A 地区，随着 q_A 的增加 $\dfrac{\partial q_B}{\partial q_A}$ 逐渐变小，进而导致 $\dfrac{\partial q_A}{\partial y_A}$ 逐渐变大，客观需要 A 地区减少污染要素 y_1 投入。

上述四个影响因素当中的情形①和情形④主要是基于上游地区生产过程给河流造成污染导致下游地区在行为选择上的变化。其中情形④恰恰能够证明，随着经济联系程度的增强，下游地区将期望上游地区采取更为清洁的生产方式减少向河流的排污，进而提升河流污染治理的协同水平。

对于 C 地区而言，当 A 和 B 两个地区存在经济联系的时候，根据产业结构异化假设，存在 $I_C = 0$。C 地区的生产函数如式（4-60）所示。此时，C 地区的生产过程与 A 地区无关，其生产决策过程只会根据自身的生产要素投入所决定，因此也就不会对上游 A 地区污染要素投入水平的选择产生任何影响。

三、区位中心性与河流污染协同治理行为之间的关系

研究区位中心性与河流污染协同治理行为之间的关系首先需要对区位中心性的描述方式进行刻画。根据牛顿万有引力定律，两物体之间的作用力与物体质量成正比，与空间距离成反比。Tinbergen（1962）和 Poyhonen（1963）将万有引力思想引入地区间经济关系的分析，提出了引力模型：两个地区之间的贸易数量与它们各自的经济规模（一般用 GDP 来表示）成正比，与两个地区之间的距离成反比。但需要注意的是，在两个经济体量不相等的地区之间，相互的作用力应

该是不对称的。仍回到"核心—边缘"理论，经济体量更大的中心城市往往是要素的流入地，经济体量相对较小的边缘地区往往是要素的输出地。之所以得出该结论，主要有以下几点考虑：其一，中心城市自身存在回流效应或极化效应，即中心城市会吸引周边边缘地区包括资本、劳动力在内的生产要素向城市集中；其二，中心城市由于技术发展水平较高，产业升级速度较快，所以一般情况下服务业占比较高，边缘地区一般以初级产品生产为主，并将产品供应中心城市。

基于以上分析，在联系紧密性与河流污染协同治理行为之间关系的证明的研究中，假设上游 A 地区为产品输出地，下游 B 地区为产品输入地实际上已经暗含将下游地区设定为中心城市，并由此证明了"地区间经济联系程度越高，河流污染协同治理能力越强"的研究结论。那么，如果假设"上游 A 为中心城市，下游 B 为边缘地区"是否依然会得到原有结论，此处将给出简单证明。

假设作为边缘的下游 B 地区生产过程只投入一种清洁要素 x_B，生产函数为 $q_B(x_B)$。区位中心 A 地区可在本地区污染要素 y_A 和采购 B 地区清洁产品 q_B 之间进行选择。此时，A 地区的利润函数如式（4-63）所示：

$$\pi_A = p_A q_A(y_A, q_B) - c_{A1} y_A - p_B q_B(x_B) \tag{4-63}$$

其中，p_A 和 p_B 依然为 A 地区和 B 地区产出产品的价格，c_{A1} 为 A 地区投入污染要素 y_A 的单位成本。与前文分析相类似，仍然假设 p_A、p_B 和 c_{A1} 是外生的。对 A 地区求解关于污染要素投入的一阶条件 $\frac{\partial \pi_A}{\partial y_A}=0$，解得如式（4-64）所示：

$$\frac{\partial q_A}{\partial y_A} = \frac{c_{A1}}{p_A} \tag{4-64}$$

由式（4-64）可知，此时作为区位中心的 A 地区，其污染要素的投入量仅受到自身产出商品价格 p_A 和污染要素成本 c_{A1} 的影响，而与边缘 B 地区无关。此时，河流污染的外部性并没有因为地区间经济联系强度的增强而内部化，河流污染协同治理目标仍然难以达成。

依据上述理论分析，按照区位中心性和清洁生产方式偏好程度的不同，理论上大致可以形成四种结果，具体如表4-10所示。

表 4 – 10 区位中心性及清洁生产方式偏好对河流污染协同治理的影响

		下游是否偏好清洁生产方式	
		是	否
下游是否处于区位中心	是	√	×
	否	×	×

从中可以看出，如果下游地区位于区位中心但对清洁生产方式没有形成偏好，则缺乏与上游地区合作进行河流污染协同治理的动机。如果下游地区具有清洁生产方式的偏好但不处于区位中心，则虽存在合作的动机但缺乏与上游地区合作开展河流污染协同治理的"能力"。只有当区位中心位于下游地区且偏好于更为清洁的生产方式时，协同治理目标才能达成。这是河流污染协同治理得以实现的必要条件。

第五章 海河流域河流污染情况评价

第一节 海河流域及其水系的基本概况

一、海河流域的基本概况

在地理位置上，海河流域东临渤海，西倚太行山脉，北靠蒙古高原和辽河流域，南接黄河流域。海河流域总面积为 31.79 万平方公里，占全国总面积的 3.3%。其中，山地和高原面积为 18.9 万平方公里，占 60%；平原面积为 12.9 万平方公里，占 40%。从行政区划上看，海河流域包括了北京、天津两市，河北省绝大部分，山西省东部，山东、河南省北部，以及辽宁省和内蒙古自治区的一部分。其中，京津冀地区面积占到海河流域总面积的 62.8%，包括北京市和天津市的全部，河北省面积的 91.5%。

二、海河水系的基本概况

海河流域的水系主要可以分为海河水系、滦河水系和徒骇马颊河水系。其中，海河是流域内最主要的水系。海河水系的主要河流包括以下几条：

1. 永定河

永定河是海河北水系的最大河流。上游一支为发源于山西省宁武县的桑乾河，另一支为发源于内蒙古高原的洋河，流至官厅始名永定河。永定河全长 747 公里，流域面积为 4.7 万平方公里。全河流经山西、内蒙古、河北、北京、天津五省市，在天津市塘沽区北塘入渤海。位于河北省张家口和北京市延庆交界的官厅水库水源主要源于永定河。官厅水库曾经是北京市主要的饮用水源地，但20世纪80年代后期库区受到严重污染，1997年水库被迫退出城市生活饮用水体系。

2. 潮白河

潮白河发源于河北省丰宁满族自治县，流经京津冀三地。潮白河上游由白河、潮河两支流组成，于北京密云汇合后统称潮白河，在天津市塘沽区宁车沽闸进入永定新河入海。潮白河全长467公里，流域面积接近2万平方公里，也是海河流域主要水系之一。拦蓄潮白河之水而成的密云水库是亚洲最大的人工湖，水库总面积为188平方公里，水深40~60米，是北京市居民用水及工业用水的主要水源地。

3. 北运河

北运河上游称为温榆河，发源于北京市昌平区军都山南麓，自西北而东南，至通县与通惠河相汇北关闸之后被称为北运河。自通县北关拦河闸南，流至牛牧屯村出北京市界，经河北省香河县西南、天津武清区城北与永定河交汇，至天津市大红桥入海河。北运河全长186公里，流域面积为0.62万平方公里，集泄洪、引滦输水、调水等多功能为一体，也是海河水系的主要河道。北运河与潮白河、蓟运河一起被合称为海河水系的"北三河"。

4. 大清河

大清河上游北支为白沟河水系，发源自太行山东麓，与南拒马河在白沟镇汇合后始称大清河。南支为赵王河水系，发源自恒山南麓，经白洋淀后分别经独流减河和海河干流入海。大清河流经山西、河北、北京、天津4省市，流域面积为4.5万平方公里，流域内主要分布横山岭、口头、王快、安各庄等水库。为有效缓解北京市水资源短缺局面，自2008年9月开始在水利部和海河水利委员协调下，河北省利用南水北调中线工程京石段干渠由向北京市进行"四库调水"。其中，参与调水的主要水库就包括王快水库和安格庄水库。截至2014年4月，从河北省累积调出水量接近20亿立方米，有效地缓解了北京市用水紧张的困难局面。

5. 子牙河

子牙河位于海河水系西南支，由发源于太行山东麓的滏阳河和源于五台山北坡的滹沱河交汇而成，两河于河北省献县汇合后始称子牙河。子牙河流经山西、河北、天津三省市，全长769公里，流域面积为4.69万平方公里。子牙河下游在天津市金刚桥与北运河汇合后流入海河干流，另一支汇入独流减河入海。子牙河的上游滹沱河建有南岗水库和黄壁庄水库，是向北京市实施"四库调水"的另外两座水库。

6. 海河干流

海河干流始于天津市红桥区，由子牙河和北运河汇聚而成，主要贯穿天津市区。海河干流全长仅 73 公里，流域面积为 2066 平方公里，承担改善天津市城市环境和一定的泄洪、排涝功能。海河干流是中国七大水系中干流河长最短、流域面积最小的河流。

除以上河流之外，海河水系的主要河流还包括蓟运河、漳卫南运河、黑龙港及运东地区诸河等。

三、滦河水系的基本概况

滦河发源于河北省丰宁县西北部的巴延屯图古尔山北麓，西北流经坝上草原，至多伦大河口附近有吐里根河注入，至隆化县郭家屯有小滦河汇入后始称滦河。其下游汇入青龙河，最后在河北乐亭县、昌黎县入海。滦河全长 888 公里，流域面积为 4.49 万平方公里，沿途汇入众多支流，主要包括兴州河、伊逊河、武烈河等。

为缓解天津市长期面临的供水难题，1981 年 8 月，国务院决定兴建"引滦入津"工程。工程于 1982 年开始建设，1983 年建成。"引滦入津"工程引水渠全长 234 公里，将滦河上游、河北省境内潘家口和大黑汀两个水库的水源引进天津市。建成以来，"引滦入津"工程从河北省累计调水超过 200 亿立方米，有效地缓解了天津市水资源短缺的困局，保证了天津市的用水安全。

位于滦河水系上的潘家口水库地处河北省唐山市迁西县与承德市宽城满族自治县交界处，是华北地区最主要的优质水源地之一，也是"引滦入津"工程从滦河调水的源头。水库最大面积达 72 平方公里，最深处为 80 米，水库总容量为 29.3 亿立方米，兴利库容为 19.5 亿立方米。多年以来，为保证潘家口水库水质，河北省和天津市展开多方面跨界合作。一方面，河北限制水库周边工业、养殖业的发展，以免给水库水质造成污染，保证"引滦入津"工程调水水质。另一方面，天津市也在水库工程建设与维护、周边环境涵养、绿化美化环境等方面进行大量投入。潘家口水库的建设与"引滦入津"工程的实施一起已经成为通过跨界"共治合作"实现水污染协同防治的成功案例。

四、徒骇马颊河水系的基本概况

徒骇马颊河水系位于海河流域最南部,主要由徒骇河、马颊河、德惠新河等河流组成。其中,徒骇河发源于山东省莘县,东流至沾化县入渤海,全长417公里,流域面积为1.38万平方公里。其中,河南省流域面积为602平方公里,河北省为4平方公里,山东省为13296平方公里。马颊河发源于河南省濮阳市,东流至山东省无棣县入渤海,全长521公里。其中,山东境内为448公里,流域面积为1.22万平方公里。德惠新河位于徒骇河、马颊河之间,为改善该流域的排水条件,于1968年人工开挖的一条排水河道。德惠新河发源于山东省平原县,东流至无棣县与马颊河交汇后入渤海,全长173公里,流域面积为0.33万平方公里。德惠新河流经地区是山东省重要的农业主产区和粮食生产基地。①

五、海河流域水系的基本特点

1. 中小河流众多,水系结构复杂

海河水系是海河流域的三大水系中最重要的水系。与中国的其他主要水系不同,海河水系呈现典型的"扇形"结构,水系干流很短,长度仅为73公里。上游的众多支流也以中小河流为主。例如,作为海河水系最重要的支流,永定河和子牙河的长度都不超过800公里,流域面积也都不足5万平方公里。滦河水系和徒骇马颊河水系河流长度及流域面积则更小。相较而言,长江水系仅有汉江、嘉陵江、雅砻江、沅江和乌江五条支流长度超过1000公里,最长的汉江达到1577公里。流域面积超过5万平方公里的长江支流就达8条之多,面积最大的嘉陵江达到16万平方公里,几乎相当于海河全流域面的1/2。此外,海河流域水系结构复杂,并具体表现为主要河流河长短、干流不突出、河流之间的交叉节点众多、水系整体呈现"扇形"网状结构分布。复杂的水系空间结构对应较为复

---

① 相关数据资料主要参考赵高峰、毛战坡、周洋所著的《海河流域水环境安全问题与对策》等文献。

杂的上下游空间结构关系，可能会给海河流域的河流污染协同治理带来一定困难。

2. 水资源蕴含量小，季节分布不均

由于水系支流少、长度小，再加上海河流域属于温带季风气候区，长期的年均降水量仅在 500 毫米左右，因此海河流域水系水资源蕴含量小。作为海河流域的主体水系，海河水系年平均径流量在 100 亿立方米左右，仅约为长江水系的 1%、珠江水系的 3%、黄河水系的 20%。作为长江的支流岷江，年均径流量就达到了 900 多亿立方米，是海河水系的 9 倍左右。作为海河流域第二大水系，滦河水系年均径流量仅为 46 亿立方米。徒骇马颊河水系河流年均径流量更低，冬春季断流时常发生。此外，海河流域水系的补水来源主要依赖于降水。但是，海河流域降水的 80% 左右都集中在 6、7、8 三个月，而且往往以几场强降雨形式出现，真正可被留存利用的水量十分有限。在冬季和春季，流域众多中小河流断流、河干现象十分普遍。所属水系具有"水资源蕴含量小，季节分布不均"特征，不仅使得海河流域成为中国水资源短缺最为严重、供水矛盾最为突出的地区，还降低了河水对于排入河道污水的稀释作用，进而在相当程度上影响了河流自净能力。这也从一个侧面加重了海河流域河流的污染状况。

3. 跨界河流众多，水资源合作紧密

海河流域涵盖北京、天津两大直辖市，河北省的绝大部分地区，以及内蒙古、辽宁、山西、山东、河南的部分地区。除海河干流由于河长较短、完全处于天津市境内之外，其他众多支流几乎都是跨省界河流，甚至一些河流流经三省交界地区。此外，由于流域本身水资源短缺，同时又要保证北京和天津两大城市的供水安全，海河流域也是中国跨区域水资源合作紧密地区。从 20 世纪 80 年代开始的"引滦入津"工程，到近年来实施的"南水北调"东线和中线工程，以及 2008 年开始的"河北四库"临时调水进京，都是在海河流域内部实施或涉及海河流域实施的跨地区，乃至跨流域的水资源合作。在这些水资源跨地区合作过程中，如何保证输水水质和输水河道不被污染，成为跨地区合作能否成功的重要一环。因此，从这个角度来看，在海河流域展开河流污染协同治理具有更为现实的重要意义。

第二节 海河流域河流水体质量情况评价

一、水功能区的划分

按照中国《水功能区划分标准》（GB/T50594—2010），水功能区划分为如下两类：

1. 一级水功能区

一级水功能区包括保护区、缓冲区、开发利用区、保留区。其中，保护区指对水资源保护、自然生态系统及珍稀濒危物种的保护具有重要意义，需要划定进行保护的水域；缓冲区是指为协调省际、用水矛盾突出的地区间用水关系而划定的水域；开发利用区是指为满足工农业生产、城镇生活、渔业和游乐多重需水要求而划定的水域；保留区是指目前水资源开发利用程度不高，为今后水资源可持续利用而保留的水域。

不同一级水功能区保护、开发、利用的标准存在明显差异。其中，在保护区内严格禁止进行其他开发活动，根据需要分别执行《地表水环境质量标准》（GB3838—2002）Ⅰ类、Ⅱ类标准或维持水质现状；在缓冲区内未经有相应管理权限的水行政主管部门批准，不得在该区域进行对水质有影响的开发利用活动，按实际需要执行相关水质标准或按现状控制；在开发利用区内应根据开发利用要求进行二级功能区划，按二级区划分类分别执行相应的水质标准；在保留区内水质应维持现状，未经有相应管理权限的水行政主管部门批准，不得在区内进行大规模的开发利用活动。

2. 二级水功能区

二级水功能区将一级水功能区中的开发利用区具体划分为饮用水源、工业水源区、农业水源区、渔业用水区、景观娱乐用水区、过渡区和排污控制区。其中，饮用水源区指满足城镇生活用水需要的水域，如已有城镇生活用水取水口分布的水域，或在规划水平年内城镇发展需设置取水口且具有取水条件的水域；工业用水区是指满足工业用水需要的水域，如现有工业园区、工矿企业生产用水的集中取水水域，或根据工业布局在规划水平年内需设置工业园区、工矿企业生产用水取水点，且具备取水条件的水域；农业用水区是指满足农业灌溉用水需要的水域，如已有农业灌溉区用水集中取水水域，或根据规划水平年内农业灌溉的发展，需要设置农业灌溉集中取水点，且具备取水条件的水域；渔业用水区是指具有鱼、虾、蟹、贝类产卵场、索饵场、越冬场及洄游通道功能的水域，以及养殖鱼、虾、蟹、贝、藻类等水生动植物的水域；景观娱乐用水区指以满足景观、疗养、度假和娱乐需要为目的的江河湖库等水域；过渡区是指为使水质要求有差异的相邻功能区顺利衔接而划定的区域，如下游用水水质要求高于上游的状况等；排污控制区是指接纳生活、生产污废水比较集中，接纳的污废水对水环境无重大不利影响的区域。

除排污控制区没有明确的水质标准之外，根据《地表水环境质量标准》（GB3838—2002）其他二级水功能区对水体质量均有明确的要求。其中，饮用水源区执行Ⅱ类、Ⅲ类标准；工业水源区执行Ⅲ类、Ⅳ类标准，或不低于现状水质类别；农业水源区执行Ⅴ类标准，或不低于现状水质类别；渔业用水区执行Ⅱ类、Ⅲ类标准；景观娱乐用水区执行Ⅲ类标准，或不低于现状水质类别；过渡区以满足出流断面所邻功能区水质要求，选用相应控制标准。

二、海河流域水系水功能区的划分概况

根据 2012 年国务院批复的《中国水功能区划（2011～2030）》，海河流域水系纳入全国区划的河流共计 74 条，湖库共计 15 个，一级水功能区划共计 159 个。其中，保护区 26 个，占一级水功能区河长的 10.1%；缓冲区 49 个，占比为 19.2%；开发利用区 77 个，占比为 63.9%；保留区 8 个，占比为 6.8%。在一级水功能区划的基础上，海河流域各省市结合自身实际情况，按照"水功能区划技术大纲"的要求，对二级水功能区划进行了划分。其中，饮用水源区 43 个，占二级水功能区河长的 28.4%；工业水源区 15 个，占比为 13.8%；农业水源区 56 个，占比为 50.5%；渔业用水区 2 个，占比为 0.9%；景观娱乐用水区 8 个，占比为 1.4%；过渡区 8 个，占比为 3%；排污控制区 9 个，占比为 2%。在此基础上，水利部海河水利委员会在海河流域各水系共设置了近 300 个监测点位，对河流、湖库的水质进行抽测监控。

三、海河流域水系水质状况的评价结果

通过分析重点水功能区监测断面水质状况的监测结果及其变化情况可以对海河流域各水系水质状况进行整体评价。对于相关指标的选取进行以下几点说明：①考虑单一年份数据可能受到偶发因素影响，因此选择 2010~2015 年连续 6 年数据反映海河流域各水系水质状况及其变动趋势；②海河水利委员会每月都会通过《海河流域水资源质量公报》发布重点水功能区水质状况监测信息，考虑每年冬春季节海河流域会有较多河流出现断流或冰冻，因此基于时点可比性考虑，选择每年 6 月丰水期的监测结果进行比较评价；③海河水利委员会分别选择了 82 个、86 个、91 个、80 个、90 个和 59 个断面对 2010~2015 年每年 6 月海河流域各水系重点水功能区水质状况进行监测，每次具体的监测断面每年都会有所差异，考虑数据可比性筛选出 6 年间至少出现过 4 次（含）的断面进行具体水质监测结果的分析。

1. 监测断面水质状况的整体评价

表 5-1 显示了 2010~2015 年每年 6 月海河流域参评水功能区水质状况和达标情况的整体统计信息。结果显示，2010~2013 年，海河流域各水系水质状况总体保持稳定，其中 I~Ⅲ 类水质断面比例基本都能够维持在全部监测断面的 50% 以上。自 2014 年开始，水质状况出现一定程度的恶化，I~Ⅲ 类水质断面占比自 2010 年后首次低于 50%，2015 年的比例甚至仅为 33%。与之对应，Ⅴ 类和劣 Ⅴ 类水质断面比例则出现明显上升，2014 年占比接近 40%，2015 年则快速蹿升至 62.5%。

表 5-1　海河流域监测断面水质整体状况

评价指标	2010 年	2011 年	2012 年	2013 年	2014 年	2015 年
参评水功能区数量（个）	74	83	86	75	73	59
I 类水质占比（%）	1.4	0	0	0	2.7	0
Ⅱ 类水质占比（%）	40.5	34.9	43	30.7	21.9	15.4
Ⅲ 类水质占比（%）	16.2	18.1	11.6	20	24.7	17.3
Ⅳ 类水质占比（%）	10.8	13.3	9.3	12	11	3.8
Ⅴ 类水质占比（%）	4.1	4.8	9.3	8	6.8	7.7
劣 Ⅴ 类水质占比（%）	27	28.9	28.6	29.3	32.9	55.8
水质总体达标率（%）	50.7	44.6	50	50.7	42.5	28.8

续表

评价指标	2010 年	2011 年	2012 年	2013 年	2014 年	2015 年
保护区达标率（%）	60	54.5	75	60	78.6	66.7
缓冲区达标率（%）	47.4	40.6	27.8	47.7	23.8	32.5
保留区达标率（%）	66.7	33.3	60	66.7	66.7	—
饮用水源区达标率（%）	40	43.6	60	40	42.9	—
工业用水区达标率（%）	100	—	—	100	100	—
农业用水区达标率（%）	28.6	—	—	28.6	60	0
景观娱乐用水区达标率（%）	100	—	—	100	100	—
排污控制区达标率（%）	—	—	—	—	—	0

注：参评水功能区数量＝监测水功能区数量－断流数量，"—"表示当年没有参加监测断面。

资料来源：2010～2015 年《海河流域水资源公报》，并经作者整理而成。

各年度参评水功能区水质达标情况与各水系水质监测结果基本一致。2010～2013 年海河流域水质总体达标率基本介于 44%～51%，2014 年下降至 42.5%，2015 年则骤降至不足 30%。相对其他水功能区监测结果，由于抽取的监测断面数量较多，缓冲区水质达标率相对更能准确反映海河流域水质达标情况及其变化。结果显示，2010 年、2011 年和 2013 年监测得到的水质状况相对较好，达标率能够维持在 40% 以上，但其他年份结果均在 30% 上下。

虽然海河流域重点水功能区水质监测采用抽样调查方式进行，每年会因监测断面选择数量和位置的不同而产生一定的抽样误差，但监测结果能够大致反映海河流域各水系整体的水质状况。结果显示，海河流域水质整体状况偏差，即使在监测结果较好的年份Ⅰ～Ⅲ类水质断面比例和整体水质达标率也仅能勉强维持在 50% 上下。更需要关注的是，自 2014 年开始监测断面水质状况出现了一定的恶化，这需要有关部门引起足够的重视。

因此，从监测断面水质整体状况评价基本可以得到以下结论：海河流域整体水质状况较差，达标情况不理想，改善进程不仅缓慢，甚至出现一定程度的恶化迹象。

2. 具体监测断面水质状况的评价

表 5-1 中的相关数据仅能反映海河流域重点水功能区整体的水质状况。为了进一步反映不同监测断面具体的水质状况及其变化，基于相关指标的选择标准，共筛选出 70 个断面对海河流域不同地区监测点的水质进行评价，具体结果如表 5-2 所示。在筛选出的 70 个监测断面中，滦河及冀东沿海诸河水系 9 个，

海河水系（含北三河、永定河、大清河、子牙河、黑龙港及运东地区、漳卫河）57个，徒骇马颊河水系4个。70个监测断面所属地区涵盖海河流域全部的六省两市，基本能够反映海河流域不同地区的具体水质及其变化情况。通过对70个监测断面比较分析，大致可得到以下结论：

（1）饮用水源保护区水质尚可，其他水功能区水质较差。根据《地表水环境质量标准》（GB3838—2002）规定，饮用水源地保护区水质标准必须达到Ⅲ类以上。通过对表5-2中14个水源地保护区水质分析可以发现，其中的13个常年处于Ⅲ类或以上水质，基本达到了饮用水水质标准，只有官厅水库常年处于Ⅳ类水质。但除此之外的其他水功能区水质状况令人担忧。其中，共有20个断面在所有的监测年份均处于劣Ⅴ或Ⅴ类水质，占比达到全部70个监测断面的28.6%。如果将14个保护区排除在外，水质常年处于劣Ⅴ或Ⅴ类断面的比例将达到35.7%，占比接近了全部监测断面的1/3。

表5-2　2010~2015年海河流域重点水功能区监测断面水质状况

序号	水系	河流（水库）名称	监测断面	省份	城市	2015年	2014年	2013年	2012年	2011年	2010年
1	滦河及冀东沿海诸河	闪电河	闪电河水库（1）	冀	张家口	—	Ⅲ	Ⅳ	Ⅱ	Ⅱ	—
2	滦河及冀东沿海诸河	㴻河	洒河桥（4）	冀	唐山	—	Ⅱ	Ⅱ	Ⅱ	Ⅴ	Ⅱ
3	滦河及冀东沿海诸河	柳河	李营（2）	冀	承德	—	Ⅲ	Ⅲ	Ⅳ	Ⅲ	Ⅱ
4	滦河及冀东沿海诸河	瀑河	宽城（2）	冀	承德	—	Ⅲ	Ⅱ	Ⅱ	Ⅳ	Ⅲ
5	滦河及冀东沿海诸河	滦河	外沟门子（2）	蒙—冀	承德	Ⅲ	Ⅳ	Ⅲ	Ⅴ	—	—
6	滦河及冀东沿海诸河	滦河	三道河子（4）	冀	承德	—	Ⅲ	劣Ⅴ	Ⅲ	Ⅲ	Ⅴ
7	滦河及冀东沿海诸河	滦河	乌龙矶（2）	冀	承德	Ⅲ	劣Ⅴ	Ⅴ	Ⅴ	劣Ⅴ	Ⅲ
8	滦河及冀东沿海诸河	潘家口水库	潘家口水库（1）	冀	唐山	Ⅱ	Ⅱ	Ⅲ	Ⅲ	Ⅲ	Ⅱ

续表

序号	水系	河流（水库）名称	监测断面	省份	城市	2015年	2014年	2013年	2012年	2011年	2010年
9	滦河及冀东沿海诸河	大黑汀水库	大黑汀水库（1）	冀	唐山	Ⅲ	Ⅱ	Ⅲ	Ⅲ	Ⅱ	Ⅱ
10	北三河	潮河	戴营（4）	冀	承德	—	Ⅲ	Ⅱ	Ⅱ	Ⅲ	Ⅱ
11	北三河	潮河	古北口（2）	冀—京	密云	Ⅱ	Ⅲ	Ⅲ	Ⅱ	Ⅱ	Ⅰ
12	北三河	黑河	四道甸（2）	冀—京	张家口	Ⅱ	Ⅲ	Ⅱ	Ⅱ	Ⅲ	—
13	北三河	白河	云州水库（1）	冀	张家口	—	Ⅱ	Ⅱ	Ⅱ	Ⅲ	Ⅱ
14	北三河	白河	下堡（2）	冀—京	张家口	Ⅲ	Ⅲ	Ⅲ	Ⅳ	Ⅲ	Ⅱ
15	北三河	密云水库	密云水库（1）	京	密云	Ⅱ	Ⅱ	Ⅱ	Ⅱ	Ⅱ	Ⅱ
16	北三河	潮白河	向阳闸（5）	京	顺义	—	Ⅳ	劣Ⅴ	Ⅴ	劣Ⅴ	劣Ⅴ
17	北三河	潮白河	苏庄桥（2）	京—冀	顺义	劣Ⅴ	劣Ⅴ	Ⅳ	劣Ⅴ	—	—
18	北三河	潮白新河	大套桥（2）	冀—津	廊坊	劣Ⅴ	劣Ⅴ	Ⅴ	劣Ⅴ	—	—
19	北三河	泃河	东店（2）	京—冀	大兴	劣Ⅴ	劣Ⅴ	劣Ⅴ	劣Ⅴ	—	—
20	北三河	泃河	桑梓红旗闸（2）	冀—津	蓟县	劣Ⅴ	劣Ⅴ	劣Ⅴ	劣Ⅴ	—	—
21	北三河	还乡河	小赵官庄节制闸（2）	冀—津	唐山	劣Ⅴ	劣Ⅴ	Ⅳ	劣Ⅴ	—	—
22	北三河	沙河	沙河桥（2）	冀—津	廊坊	Ⅲ	Ⅲ	Ⅱ	劣Ⅴ	—	—
23	北三河	黎河	黎河桥（2）	津—冀	唐山	Ⅱ	Ⅱ	Ⅱ	Ⅱ	—	—

续表

序号	水系	河流（水库）名称	监测断面	省份	城市	2015年	2014年	2013年	2012年	2011年	2010年
24	北三河	于桥水库	于桥水库（1）	津	蓟县	—	II	II	II	II	II
25	北三河	蓟运河	双城闸（2）	冀—津	宁河	劣V	劣V	劣V	劣V	—	—
26	北三河	引滦入津渠	尔王庄水库（1）	津	宝坻	—	II	II	II	II	II
27	北三河	北京港沟河	里老节制闸（2）	京—津	通州	劣V	劣V	劣V	劣V	—	—
28	北三河	北运河	杨洼闸（2）	京—冀—津	通州	劣V	劣V	劣V	劣V	—	—
29	永定河	饮马河	堡子湾（2）	蒙—晋	大同	V	V	III	劣V	劣V	断流
30	永定河	二道河	友谊水库坝上（2）	蒙—冀	张家口	II	III	III	III	III	—
31	永定河	壶流河	壶流河水库（7）	冀	张家口	—	III	IV	—	IV	III
32	永定河	桑干河	册田水库（5，6）	晋	大同	—	劣V	劣V	劣V	劣V	劣V
33	永定河	桑干河	东册田村北桥（2）	晋—冀	大同	V	劣V	劣V	劣V	—	—
34	永定河	桑干河	石匣里（7）	冀	张家口	—	III	II	—	II	IV
35	永定河	南洋河	天镇水文站（2）	晋—冀	大同	V	V	IV	劣V	—	—
36	永定河	官厅水库	官厅水库（1）	京	延庆	—	IV	IV	IV	IV	IV
37	永定河	永定河	三家店（5）	京	门头沟	—	III	III	III	III	—
38	永定河	洋河	八号桥（2）	冀—京	房山	V	V	IV	IV	IV	劣V

续表

序号	水系	河流（水库）名称	监测断面	省份	城市	.2015年	2014年	2013年	2012年	2011年	2010年
39	大清河	拒马河	张坊（2）	冀—京—冀	房山	—	Ⅳ	Ⅲ	Ⅳ	Ⅱ	Ⅲ
40	大清河	小清河	八间房（2）	冀—京	房山	劣Ⅴ	劣Ⅴ	Ⅲ	断流	—	—
41	大清河	唐河	水堡（2）	晋—冀	保定	Ⅲ	Ⅳ	Ⅲ	Ⅱ		
42	大清河	唐河	西大洋水库（5）	冀	保定	—	Ⅰ	Ⅱ	Ⅱ		
43	大清河	白洋淀	端村（1）	冀	保定	—	Ⅴ	Ⅴ	劣Ⅴ	劣Ⅴ	劣Ⅴ
44	大清河	大清河	安里屯（2）	冀—津	廊坊	劣Ⅴ	劣Ⅴ	劣Ⅴ	劣Ⅴ	—	—
45	子牙河	滹沱河	闫家庄大桥（2）	晋—冀	阳泉	Ⅱ	Ⅱ	Ⅱ	Ⅱ	—	—
46	子牙河	松溪河	王寨村（2）	晋—冀	晋中	Ⅱ	Ⅱ	Ⅱ	Ⅱ	—	—
47	子牙河	岗南水库	岗南水库（1）	冀	石家庄	—	Ⅱ	Ⅱ	Ⅱ	Ⅱ	Ⅱ
48	子牙河	黄壁庄水库	黄壁庄水库（1）	冀	石家庄	—	Ⅱ	Ⅱ	Ⅱ	Ⅱ	Ⅱ
49	子牙河	滏阳河	东武仕水库（5）	冀	邯郸	—	Ⅲ	Ⅲ	Ⅴ	Ⅲ	Ⅲ
50	子牙河	子牙河	群英闸（2）	冀—津	滨海新区	劣Ⅴ	劣Ⅴ	Ⅴ	Ⅴ	—	—
51	子牙河	子牙新河	翟庄子桥（2）	冀—津	滨海新区	劣Ⅴ	劣Ⅴ	劣Ⅴ	劣Ⅴ	—	—
52	黑龙港及运东地区	千顷洼	千顷洼（1）	冀	衡水	—	Ⅳ	Ⅳ	Ⅳ	—	—
53	黑龙港及运东地区	大浪淀水库	大浪淀水库（1）	冀	沧州	—	Ⅱ	Ⅱ	Ⅱ	Ⅱ	—

续表

序号	水系	河流（水库）名称	监测断面	省份	城市	2015年	2014年	2013年	2012年	2011年	2010年
54	黑龙港及运东地区	青静黄排水渠	团瓢桥（2）	冀—津	静海	劣V	劣V	劣V	劣V	—	—
55	黑龙港及运东地区	北排水河	翟庄子北桥（2）	冀—津	滨海新区	劣V	劣V	劣V	劣V	—	—
56	黑龙港及运东地区	沧浪渠	翟庄子南桥（2）	冀—津	滨海新区	劣V	劣V	劣V	劣V	—	—
57	漳卫河	浊漳河	三省桥（2）	晋—豫—冀	邯郸	IV	III	II	III	—	—
58	漳卫河	清漳河	麻田（2）	晋—冀	晋中	II	I	II	II	—	—
59	漳卫河	清漳河	合漳（2）	豫—冀	邯郸	III	III	II	II	II	—
60	漳卫河	漳河	观台（2）	冀	邯郸	III	III	II	II	II	III
61	漳卫河	岳城水库	岳城水库（1）	冀	邯郸	II	II	II	II	II	II
62	漳卫河	漳卫新河	袁桥闸（2）	鲁—冀	德州	劣V	劣V	劣V	劣V	劣V	断流
63	漳卫河	卫河	浚县（7）	豫	鹤壁	劣V	断流	劣V	劣V	—	—
64	漳卫南河系	卫河	元村水文站（7）	豫	濮阳	劣V	断流	劣V	劣V	—	—
65	漳卫河	卫河	元村（2）	豫—冀	濮阳	劣V	劣V	劣V	劣V	—	—
66	漳卫河	卫运河	油坊桥（2）	冀—鲁	聊城	劣V	劣V	劣V	劣V	—	—
67	徒骇马颊河	马颊河	南乐水文站（2）	豫—冀	濮阳	劣V	断流	劣V	IV	IV	断流
68	徒骇马颊河	马颊河	沙王庄（6）	鲁	聊城	—	III	III	—	IV	断流

序号	水系	河流（水库）名称	监测断面	省份	城市	2015年	2014年	2013年	2012年	2011年	2010年
69	徒骇马颊河	马颊河	李家桥(5)	鲁	德州	—	Ⅲ	Ⅲ	—	劣Ⅴ	劣Ⅴ
70	徒骇马颊河	徒骇河	毕屯(2)	豫—鲁	聊城	劣Ⅴ	Ⅴ	Ⅳ	劣Ⅴ	—	

注：监测断面中，（1）代表保护区；（2）代表缓冲区；（5）代表饮用水源区；（6）代表工业用水区；（7）代表农业用水区，"—"表示当年未参加监测。

资料来源：2010～2015年第六期《海河流域水资源质量公报》，并经作者整理而成。

（2）滦河水系水质较好，海河水系污染严重。在海河流域三大水系中，滦河水系水质状况相对较好。在纳入统计的9个监测断面中，只有2013年承德市的三道河子监测点和2011年、2014的乌龙矶监测点监测出劣Ⅴ类水质。除闪电河水库、潘家口水库和大黑汀水库三个饮用水源保护区之外，共计有唐山的洒河桥和承德的李营、宽城、外沟门子4个监测点所有被监测年份的水质均达到Ⅲ类或以上标准。当年"引滦入津"工程的实施也在相当程度上是基于滦河水系水质整体明显优于海河水系的考虑。

相对而言，作为海河流域最重要的水系，海河水系污染状况更为严重。20个在所有监测年份均处于劣Ⅴ或Ⅴ类水质的监测断面全部集中在了海河水系。其中，北三河6个、永定河2个、子牙河2个、大清河2个、黑龙港及运东地区河流3个、漳卫河5个。由于上游永定河水质长期未能达标，作为新中国成立后兴建的第一座大型水库，官厅水库水质常年处于Ⅳ类水质标准，并于1997年被迫退出北京市生活饮用水供水体系，只能作为工业用水的水源地。

徒骇马颊河水系水质状况也同样不容乐观。在纳入监测范围的全部4个断面中，没有一个断面在所有监测年份水质状况能够全部达到Ⅲ类或以上标准，仅在马颊河2013年的沙王庄监测点和2014年的李家桥监测点达到了Ⅲ类水质标准。其他年份徒骇马颊河水系所有监测断面的水质全部处于Ⅲ类以下，只能用于工业生产和农业灌溉，不能直接取水饮用。

（3）上游北部和西部地区水质相对较好，南部地区和中下游水质较差。海河流域各水系上游地区水质大多优于下游地区。以海河水系为例，将14个饮用水源地保护区剔除后发现，水质长期处于Ⅲ类及其以上标准的监测断面主要位于河北承德和张家口境内的潮河（戴营、古北口）、河北张家口与北京密云交界的黑河（四道甸）、河北唐山与天津蓟县交界处的黎河（黎河桥）、山西阳泉与河北石家庄交界处的滹沱河（闫家庄大桥）、山西晋中与河北石家庄交界处的松溪河（王寨村）、山西晋中与河北邯郸交界处的清漳河（麻田镇）、河南安阳与河北邯郸交界处的清漳河（合漳乡）、河北邯郸境内的漳河（观台镇）等监测断面。从位置关系上来讲，除合漳乡和观台镇两个监测断面以外，大多都位于海河水系上游北部和西部的经济欠发达地区。相对而言，位于海河水系南部河南境内和豫冀交界的卫河以及经济相对发达的下游地区，水质基本常年都处于Ⅲ类水质以下。因此综合而言，海河流域上游经济欠发达的北部和西部地区水质相对较好，上游南部地区和经济发达、人口密集的中下游地区污染严重，水质较差。

（4）水质状况虽局部改善，但整体状况令人担忧。对于海河流域整体而言，在2010～2015年共有42个监测断面水质基本维持不变，14个断面水质改善，另有14个断面水质恶化。其中，在滦河水系9个监测断面中，位于蒙冀边界的外沟门子和河北承德的三道河子两个监测断面水质状况出现了改善，由Ⅴ类变为Ⅲ类；唐山的洒河桥、潘家口水库以及承德宽城三个监测断面分别维持了Ⅱ类和Ⅲ类水质；其他4个断面水质状况出现了一定程度的恶化。

在纳入监测范围的海河水系57个断面中，共有10个断面水质状况出现了改善，分别是位于北京顺义的向阳闸、房山的八号桥，河北张家口的四道甸、友谊水库、十里匣，廊坊的沙河桥，保定的端村以及山西大同的堡子湾、东册田村北桥、天镇水文站。从水系分布来看，在10个水质状况出现改善的监测断面中、6个位于永定河水系、3个位于北三河水系、1个位于大清河水系。子牙河、黑龙港及运东地区和漳卫河水系则没有出现水质状况改善的监测断面。从位置关系上分析，水质改善的监测断面基本位于海河水系上游的北部和西部地区，水系南部和中下游地区不仅水质状况较差，改善迹象不明显。甚至在个别的监测断面，如冀京交界处的八间房、冀津交界处的群英闸等，还出现了水质恶化迹象。

在徒骇马颊河水系的4个监测断面中，位于山东聊城的沙王庄和德州的李家桥两个监测断面水质状况出现了一定程度的改善，水质分别由Ⅳ类和劣Ⅴ类变为Ⅲ类。河南濮阳境内的南乐水文站监测水质则由Ⅳ类恶化为劣Ⅴ类，山东聊城毕屯监测断面的水质基本维持不变。

综合以上分析可以发现，虽然在一些监测断面出现改善迹象，但从整体角度而言，海河流域各水系水质状况基本维持稳定，未出现明显的趋势性变化。该结论与海河流域监测断面水质整体状况评价结论大体相符，说明海河流域的河流污染形势依然严峻，治理工作仍然任重而道远。

第三节　海河流域水系污染物排放情况评价

一、水污染物的统计分类

2010 年环保部、国家统计局和农业部历经 4 年左右时间，联合完成了"第一次全国污染源普查"，重点对中国主要河流的污染物排放情况进行了调查。依据普查数据编制的《污染源普查数据集》公布了中国七大水系的化学需氧量、生化需氧量、氨氮、总磷、总氮、石油类、挥发酚、氰化物等水污染物的排放情况，并对污染源进行了分析。①

化学需氧量是在一定的条件下采用强氧化剂处理水样时所消耗的氧化剂数量，是被用来表示水体中包括各种有机物、亚硝酸盐、硫化物、亚铁盐等还原性物质的主要指标。化学需氧量越高，水体中有机物含量越高。河水中过高的化学需氧量容易造成水生生物大量死亡，如果将河水用于灌溉则会影响农作物的生长，人体饮用后会对身体造成危害。根据"第一次全国污染源普查"资料，在化学需氧量的来源当中，工业污染源大约占到 56%，农业污染源大约占到 24%，生活污染源大约占到 20%。在工业污染源中，造纸及纸制品、纺织、农副食品加工、化学原料及化学制品制造、饮料制造、食品制造、医药制造七大行业排名靠前，占到全部工业污染源化学需氧量排放的八成以上。

生化需氧量是指以 20℃ 为标准，水体中微生物经过若干日培养之后的溶解氧量。生化需氧量也是反映水体中有机物含量的指标，指标越高说明水体中好氧微生物消耗的氧量越高，微生物生长越快，水体受到有机物的污染程度也就越严重。与化学需氧量相类似，工业污染源中的造纸及纸制品、饮料制造、农副食品

---

① "第一次全国污染源普查"公布的水污染物还包括总铬、铅、汞、砷、镉等重金属，由于篇幅所限，此处不再进行详细分析。

加工等行业也是生化需氧量产生的大户。

氨氮是指水中以游离氨（NH3）和铵离子（NH4＋）形式存在的氮。大量氨氮废水排入水体容易引起水体富营养化，造成水体黑臭。因此，水体中氨氮含量过高也是在水生动植物大量死亡的重要原因。此外，水中的氨氮可以在一定条件下转化成亚硝酸盐，如果被人类长期饮用则存在很高的致癌风险。氨氮排放中，工业、生活污染源分别占到57%和43%左右。其中，化学原料及化学制品制造、有色金属冶炼及压延加工、石油加工炼焦及核燃料加工、农副食品加工、纺织、皮革毛皮羽毛（绒）及其制品、饮料制造、食品制造业8大行业大约占到工业污染源氨氮总排放量的86%。

总磷是水样经消解后将各种形态的磷转变成正磷酸盐后测定的结果，以每升水样含磷毫克数计量。水体中含有过量的磷元素是造成水体污秽异臭，使湖泊发生富营养化和海湾出现赤潮的主要原因。中国河流中总磷的来源主要是农业生产过程中化肥的使用，大约占到全部来源的76%，剩余部分主要来源于居民生活中洗涤用品的使用。

总氮是水体中各种形态无机和有机氮的总量，主要包括 NO3－、NO2－ 和 NH4＋ 等无机氮和蛋白质、氨基酸和有机胺等有机氮，以每升水含氮毫克数计算。与总磷指标相类似，总氮也是常被用来表示水体受营养物质污染程度的指标。过多含氮化合物，容易造成大量藻类、浮游植物繁殖旺盛，出现水体富营养化状态。中国河流中的总氮含量也与农业生产过程中化肥的使用密切相关，农业源大约占到全部污染来源的60%。

石油类污染物是指在石油的开采、运输、装卸加工和使用过程中，由于石油泄漏和排放引起的污染。除此之外，居民生活过程中石油类产品的使用和动植物油的消费也是石油类水体污染物的主要来源。石油类污染可以在水体中迅速扩散形成油膜，可通过扩散、蒸发、溶解、乳化、光降解以及生物降解和吸收等进行迁移与转化。水体中的石油类污染物往往会通过食物链进入人体，对人体健康造成危害。在工业污染源中，石油加工炼焦及核燃料加工、黑色金属冶炼及压延加工、石油天然气的开采等行业石油类水污染物的产生量排名靠前。

挥发酚是指沸点在230℃以下的有毒物质。水体中的挥发酚对皮肤和黏膜有强烈的腐蚀作用，长期饮用被酚污染的水，可引起头昏、出疹、瘙痒、贫血、恶心、呕吐及各种神经系统症状，并对癌细胞的生成具有促进作用。工业源大约占到全部挥发酚产生量的95%，主要来源于农副食品加工、石油加工炼焦及核燃料加工、黑色金属冶炼及压延加工、化学原料及化学制品制造等行业。

氰化物是剧毒物质，可能以氰氢酸、氰离子和络合氰化物的形式存在于水体中。水体中的氰化物对鱼类及其他水生物的危害巨大，使用含有超标氰化物的河水灌溉会造成农业减产，并间接对人体健康产生损害。工业源的氰化物产生量占到全部污染物产生量的99%以上。其中，石油加工炼焦及核燃料加工业是氰化物污染的主要产生源，此外黑色金属冶炼及压延加工业和金属制品业的产生量也相对较高。

二、海河流域水系总体污染物排放情况及污染源评价

表5-3反映了通过"第一次全国污染源普查"获得的海河流域水系污染物排放情况及其污染源分析结果。海河流域水系长度虽然仅占到中国七大水系河长的5%、流域面积的6%、年均径流量的0.7%，但却排放了20.09的化学需氧量、10.20%的生化需氧量、9.53%的氨氮、19.90%的总磷、16.69%的总氮、12.26%的石油类污染物、21.03%的挥发酚和12.13%的氰化物。主要污染物排放比重均明显偏高，强度偏大，是造成海河流域在中国七大水系中水质最差的重要原因。

表5-3 海河流域水系主要污染物排放情况及污染源分析[①]

化学需氧量	合计	排放量（吨）	5227899.65
		占七大流域排放比（%）	20.09
	工业源	排放量（吨）	752278.42
		占七大流域排放比（%）	15.16
	农业源	排放量（吨）	3725796.98
		占七大流域排放比（%）	30.18
	生活源	排放量（吨）	1624802.98
		占七大流域排放比（%）	12.75
	集中式	排放量（吨）	24002.48
		占七大流域排放比（%）	9.54
	扣减消除量	排放量（吨）	898981.17
		占七大流域排放比（%）	18.44
生化需氧量	合计	排放量（吨）	386892.78
		占七大流域排放比（%）	10.20

---

① "集中式"是指集中式污染治理设施中（如污水处理厂、垃圾处理厂等）产生的污染物排放量。"扣减消除量"是指扣减集中式污染治理设施削减的污染物数量。

续表

生化需氧量	工业源	排放量（吨）	154890.09
		占七大流域排放比（%）	14.58
	生活源	排放量（吨）	536973.85
		占七大流域排放比（%）	12.63
	扣减消除量	排放量（吨）	335133.68
		占七大流域排放比（%）	18.93
氨氮	合计	排放量（吨）	161543.57
		占七大流域排放比（%）	9.53
	工业源	排放量（吨）	29480.18
		占七大流域排放比（%）	11.66
	农业源	排放量（吨）	24692.36
		占七大流域排放比（%）	8.81
	生活源	排放量（吨）	192782.86
		占七大流域排放比（%）	13.31
	集中式	排放量（吨）	2288.01
		占七大流域排放比（%）	8.87
	扣减消除量	排放量（吨）	84599.85
		占七大流域排放比（%）	24.70
总磷	合计	排放量（吨）	74660.83
		占七大流域排放比（%）	19.90
	农业源	排放量（吨）	64874.49
		占七大流域排放比（%）	24.68
	生活源	排放量（吨）	18454.00
		占七大流域排放比（%）	12.40
	集中式	排放量（吨）	24.92
		占七大流域排放比（%）	7.14
	扣减消除量	排放量（吨）	8692.58
		占七大流域排放比（%）	21.53
总氮	合计	排放量（吨）	687541.98
		占七大流域排放比（%）	16.69
	农业源	排放量（吨）	499489.29
		占七大流域排放比（%）	20.26

续表

总氮	生活源	排放量（吨）	252448.64
		占七大流域排放比（%）	13.34
	扣减消除量	排放量（吨）	64395.95
		占七大流域排放比（%）	24.44
石油类	合计	排放量（吨）	80926.20
		占七大流域排放比（%）	12.26
	工业源	排放量（吨）	8541.21
		占七大流域排放比（%）	15.69
	生活源	排放量（吨）	77995.45
		占七大流域排放比（%）	12.42
	集中式	排放量（吨）	34.61
		占七大流域排放比（%）	11.18
	扣减消除量	排放量（吨）	5645.07
		占七大流域排放比（%）	21.23
挥发酚	合计	排放量（吨）	1328.80
		占七大流域排放比（%）	21.03
	工业源	排放量（吨）	1440.63
		占七大流域排放比（%）	21.60
	集中式	排放量（吨）	9.05
		占七大流域排放比（%）	11.48
	扣减消除量	排放量（吨）	120.89
		占七大流域排放比（%）	27.89
氰化物	合计	排放量（吨）	53878.53
		占七大流域排放比（%）	12.13
	工业源	排放量（吨）	53748.98
		占七大流域排放比（%）	9.38
	生活源	排放量（吨）	1.58
		占七大流域排放比（%）	13.42
	集中式	排放量（吨）	127.96
		占七大流域排放比（%）	5.32
	扣减消除量	排放量（吨）	0

资料来源：第一次全国污染源普查资料编纂委员会. 污染源普查数据集［M］. 北京：中国环境出版社，2011.

在主要污染物中，海河流域三大水系中的化学需氧量、总磷、总氮、挥发酚的排放水平尤其偏高。其中，除挥发酚之外，农业污染源排放在其中所占比重都明显偏大。例如，海河流域农业源化学需氧量排放占全国七大流域比重达到了30.18%，比工业源所占比重高出 15 个百分点，比生活源高出 17.42 个百分点；农业源总磷排放占全国七大流域比重达到了 24.68%，比生活源高出 12.28 个百分点；农业源总氮排放占全国七大流域比重达到了 20.26%，比生活源高出 6.93 个百分点。由此可见，海河流域农业生产活动的排污控制工作相对滞后，与此有关的污染物排放水平也明显偏高。

通过比较各种污染物处理能力可以发现，海河流域化学需氧量和生化需氧量扣减消除量占七大流域中的比重维持在18%左右，总磷、总氮和石油类污染物的占比在21%～25%，挥发酚略高一些接近28%。从排名角度看，除总磷之外，其他污染物扣减消除量基本都排名在长江流域之后，列七大流域第二位。以上数据说明，海河流域污水处理能力在七大水系中处于较为领先位置，但考虑海河流域所处地区社会经济发展水平较高，再加上污染物产生量较大，其实际的水污染物处理水平仍应该有一定的提升空间。

此外，除了 2010 年结束的"第一次全国污染源普查"之外，海河水利委员会每年还对重点水功能区监测断面进行水质抽检，主要检测指标包括水温、pH、溶解氧、高锰酸盐指数、化学需氧量、五日生化需氧量、氨氮、铜、锌、氟化物、砷、汞、镉、铬（六价）、铅、氰化物、挥发酚、硫化物和粪大肠菌群 19 个项目。除此之外，饮用水源地还增加了硫酸盐、氯化物、硝酸盐、铁和锰 5 个项目。其中，重点监测的污染物指标主要包括化学需氧量、高锰酸盐指数、氨氮、五日生化需氧量、氟化物 5 个项目。

除化学需氧量、五日生化需氧量之外，高锰酸盐指数是利用高锰酸钾溶液为氧化剂测得的化学耗氧量，区别于重铬酸钾法测得的化学需氧量，也是反映水体中有机物含量的指标。因为在碱性条件下高锰酸钾的氧化能力比酸性条件下稍弱，此时不能氧化水中的氯离子，故常用于测定含氯离子浓度较高的水样。氟化物指含负价氟的有机或无机化合物，主要被用在工业生产过程中的有机合成、酶抑制剂和无机材料。氟化物在自然界广泛存在，适当的氟是人体所必需的，但过量地摄入氟化物容易对人体健康，特别是骨骼健康造成危害。

如表 5-4 所示，根据海河水利委员会公布的海河流域省界断面全年污染物超标断面数，氨氮、化学需氧量、高锰酸盐指数是海河流域水系超标最普遍的三项指标。

在纳入监测范围的 5 年中，氨氮超标断面占比分别达到 53.2%、59.7%、72.1%、64.4% 和 56.7%，化学需氧量和高锰酸盐指数的超标比例也基本介于 50% ~ 70%。

表 5 - 4　2010 ~ 2014 年海河流域省界断面全年污染物超标断面数统计

年份	超标项目	化学需氧量	高锰酸盐指数	五日生化需氧量	氨氮	氟化物
2010	超标断面个数（个）	19	7	16	25	13
	超变标断面所占比例（%）	40.4	14.9	34	53.2	27.7
	最大浓度值（mg/L）	330.5	14.2	87.1	47.7	4.06
	最大超标倍数（倍）	15.5	1.4	20.8	46.7	3.1
	出现站点	吴桥	四女寺	码头（西）	码头（西）	小定府庄
2011	超标断面个数（个）	32	35	12	37	17
	超变标断面所占比例（%）	51.6	56.5	19.4	59.7	27.4
	最大浓度值（mg/L）	419.3	39	50	37.55	6.55
	最大超标倍数（倍）	20	5.5	11.2	36.5	5.5
	出现站点	翟庄子南桥	田龙庄桥	田龙庄桥	翟庄子桥	安里屯
2012	超标断面个数（个）	38	40	25	44	18
	超变标断面所占比例（%）	62.3	65.6	41	72.1	29.5
	最大浓度值（mg/L）	339.9	83	39.6	44.25	6.55
	最大超标倍数（倍）	16	12.8	8.9	43.3	5.6
	出现站点	毕屯	团瓢桥	田龙庄桥	翟庄子闸	安里屯
2013	超标断面个数（个）	34	38	38	38	17
	超变标断面所占比例（%）	57.6	64.4	64.4	64.4	28.8
	最大浓度值（mg/L）	447.8	87.4	43.6	48.41	10.42
	最大超标倍数（倍）	21.4	13.6	9.9	47.4	9.4
	出现站点	称沟湾	安里屯	团瓢桥	翟庄子桥	马集闸
2014	超标断面个数（个）	42	38	24	34	18
	超变标断面所占比例（%）	70	63.3	40	56.7	30
	最大浓度值（mg/L）	296	67.4	32.9	52.22	4.1
	最大超标倍数（倍）	13.8	10.2	7.2	51.2	3.1
	出现站点	翟庄子桥	田龙庄桥	赶水坝	翟庄子桥	小官庄闸

资料来源：2010 ~ 2015 年《海河流域水资源公报》，并经作者整理而成。

氨氮是超标程度最严重的指标，2010 ~ 2014 年最大超标倍数分别达到 46.7 倍、36.5 倍、43.3 倍、47.4 倍和 51.2 倍。进一步通过比较相关数据的年际变化可以发现，海河流域水系的五项污染指标无论从超标断面范围上讲，还是从最大超标倍数上看，2010～2014年的5年间都没有出现减少的迹象，有些指标甚至还出现了明显的增加。上述结果说明，海河流域水系整体污染范围和强度，都没有出现明显的缩减和减轻，河流污染治理效果没有得到显现。该结论与"海河流域河流水体质量情况评价"得到的结果是大体一致的。

三、海河流域重点城市主要污染物排放情况及污染源评价

2010年的"第一次全国污染源普查"及其随后编制的《污染源普查数据集》统计并公布了海河流域12个重点城市化学需氧量、氨氮、总磷、总氮等7种主要污染物的排放情况，并对其污染源进行了分析，具体结果如表5-5所示。

表5-5　海河流域重点城市主要污染物排放情况及污染源分析

重点城市		北京	天津	石家庄	唐山	秦皇岛	邯郸	保定	大同	阳泉	长治	安阳	焦作
化学需氧量	排放总量（百吨）	1639.9	1862.4	2766.8	2075.4	927.5	1642.9	1412.4	364.5	212.5	466.4	972.7	1161.5
	占重点城市比（％）	10.6	12	17.8	13.4	6	10.6	9.1	2.4	1.4	3	6.3	7.5
	单位产值排放（吨/亿元）	8.41	12.96	56.89	33.91	79.36	53.66	48.63	37.68	34.73	34.97	57.77	68.03
	工业源（百吨）	212.3	443.3	1175.5	944.6	295	412.9	411.3	90.7	21	125.2	124.6	360.2
	农业源（百吨）	545.2	807.1	1325.4	931.9	411.4	704.5	578.2	119	44.4	138.1	449.9	571.8
	生活源（百吨）	4179.8	2094.2	1192.6	816.1	395.8	636.3	855.5	371.5	185.5	304.6	518.3	419.5
	集中式（百吨）	31.5	27	5.3	21	0.1	37.8	22.8	7.8	4	2.7	2.2	7.3
	扣减消除量（百吨）	3328.9	1509.2	932	638.3	174.8	148.6	455.4	224.5	42.5	104.2	122.3	197.3
氨氮	排放总量（百吨）	102.42	206.45	139.46	73.85	43.49	84.26	110.76	44.14	20.12	38.24	56.35	80.44
	占流域重点城市比例（％）	10.24	20.65	13.95	7.39	4.35	8.43	11.08	4.41	2.01	3.82	5.64	8.04
	单位产值排放（吨/亿元）	0.53	1.44	2.87	1.21	3.72	2.75	3.81	4.56	3.29	2.87	3.35	4.71
	工业源（百吨）	9.49	28.1	64.23	10.57	4.79	5.41	4.53	4.84	2.27	6.66	5.5	23.23
	农业源（百吨）	10.92	16.99	9.52	17.34	4.6	8.81	11.5	3.54	0.5	3.35	15.08	18.71
	生活源（百吨）	463.04	260.71	155.84	101.92	46.56	76.94	100.65	47.69	21.73	35.88	61.31	47.62
	集中式（百吨）	2.73	1.94	0.67	2.13	0.01	4.27	2.47	0.76	0.4	0.28	0.22	0.61
	扣减消除量（百吨）	383.76	101.29	90.8	58.12	12.48	11.17	8.39	12.69	4.77	7.93	25.76	9.83

续表

重点城市		北京	天津	石家庄	唐山	秦皇岛	邯郸	保定	大同	阳泉	长治	安阳	焦作
总磷	排放总量（吨）	1226.9	2756.0	3407.2	2660.5	924.6	2295.7	2318.2	754.4	250.3	623.5	1967.9	1506.2
	占流域重点城市比例（%）	5.9	13.3	16.5	12.9	4.5	11.1	11.2	3.7	1.2	3.0	9.5	7.3
	单位产值排放（吨/亿元）	0.06	0.19	0.70	0.43	0.79	0.75	0.80	0.78	0.41	0.47	1.17	0.88
	农业源（吨）	1207.5	1748.7	2112.9	2001.6	706.6	1659.8	1751.5	291.0	79.2	338.0	1400.1	1199.7
	生活源（吨）	4477.7	2447.1	1504.5	993.1	454.8	744.5	928.2	462.8	211.5	349.1	580.5	453.6
	集中式（吨）	4.29	0.02	0.78	3.45	0.01	4.93	3.04	1.82	0.29	0.40	0.36	0.53
	扣减消除量（吨）	4462.6	1439.8	211.0	337.7	236.8	113.5	364.6	1.2	40.7	64.0	13.0	147.6
总氮	排放总量（百吨）	432.44	404.66	376.2	295.36	115.3	288.6	368.82	98.64	35.24	77.62	243.53	203.58
	占流域重点城市比例（%）	14.71	13.76	12.8	10.05	3.92	9.82	12.54	3.36	1.2	2.64	8.28	6.92
	单位产值排放（吨/亿元）	2.22	2.82	7.73	4.83	9.87	9.43	12.70	10.20	5.76	5.82	14.46	11.92
	农业源（百吨）	143.79	173.12	224.33	214.11	58.3	192.4	250.48	36.55	6.68	33.96	164.22	145.15
	生活源（百吨）	613.63	340.85	202.11	132.8	61.21	100.74	130.93	62.09	28.56	47.09	79.75	62.62
	扣减消除量（百吨）	324.98	109.31	50.25	51.55	1.22	4.54	12.59	0	0	3.43	0.44	4.19
石油类	排放总量（百吨）	232.75	98.62	56.78	33.78	19.91	30.65	40.99	16.88	9.09	20.86	20.7	20.97
	占流域重点城市比例（%）	38.66	16.38	9.43	5.61	3.31	5.09	6.81	2.8	1.51	3.47	3.44	3.48
	单位产值排放（吨/亿元）	1.19	0.69	1.17	0.55	1.70	1.00	1.41	1.74	1.49	1.56	1.23	1.23
	工业源（百吨）	16.12	9.15	8.9	7.01	1.83	3.83	2.05	1.69	0.19	6.71	1.58	4.49
	生活源（百吨）	248.89	99.21	48.72	37.57	18.09	28.06	38.91	15.57	8.89	14.18	19.23	16.67
	扣减消除量（百吨）	32.29	9.76	0.84	10.83	0	1.27	0	0.39	0	0.02	0.12	0.19
挥发酚	排放总量（吨）	163.2	154.45	10.04	6.48	0.22	39.61	—	35.53	0.07	749.83	1.92	3.42
	占流域重点城市比例（%）	14.01	13.26	0.86	0.56	0.02	3.4	—	3.05	0.01	64.38	0.16	0.29
	单位产值排放（千克/亿元）	0.72	0.92	0.18	0.09	0.02	1.11	—	3.15	0.02	48.27	0.10	0.17
	工业源（吨）	264.87	153.94	10.6	4.5	0.22	39.14	11.05	35.25	0.55	749.7	1.84	3.28

续表

重点城市		北京	天津	石家庄	唐山	秦皇岛	邯郸	保定	大同	阳泉	长治	安阳	焦作
挥发酚	集中式（吨）	1.14	0.75	0.12	1.98	0	0.49	0.37	0.28	0.15	0.13	0.08	0.18
	扣减消除量（吨）	102.81	0.24	0.68	0	0	0.02	—	0	0	0	0	0.04
氰化物	排放总量（千克）	831.9	813.3	1166.6	3903.6	4.0	1348.8	1776.8	1381.8	3.7	17867	2588.7	1567.8
	占流域重点城市比例（%）	2.5	2.45	3.51	11.74	0.01	4.06	5.34	4.16	0.01	53.73	7.78	4.71
	单位产值排放（千克/亿元）	0.04	0.06	0.24	0.64	0	0.44	0.61	1.43	0.01	13.40	1.54	0.92
	工业源（千克）	814.0	798.1	1164.4	3888.2	3.9	1348.7	1768.4	1376.1	0.7	17866	2587.0	1566.4
	生活源（千克）	0.7	0.26	0.06	0.04	0.02	0	0.04	0.02	0.01	0.02	0.01	0.01
	集中式（千克）	17.2	15.01	2.06	15.35	0	0	8.38	5.65	3	1.35	1.65	1.38

资料来源：第一次全国污染源普查资料编纂委员会．污染源普查数据集［M］．北京：中国环境出版社，2011.

　　在化学需氧量排放方面，河北省的主要城市石家庄、唐山、邯郸、保定以及海河流域内的两座直辖市北京和天津，排放总量较高。其中，石家庄和唐山分别以276677.3吨和207535.31吨排名前两位，两个城市合计大约占到海河流域重点城市排放量的1/3。相对而言，位于海河流域上游地区的山西大同、阳泉、长治三座城市排放水平较低，三市合计排放量还不到海河流域重点城市的8%。从单位地区生产总值的化学需氧量排放情况看，北京市每亿元产值的排放量仅为8.41吨，天津市为12.96吨，都远低于海河流域其他重点城市。从污染源的角度看，北京市化学需氧量主要源于生活废水排放，达到417983.84吨，占到全流域重点城市生活源排放总量的35%，但由于其污水处理能力较强，化学需氧量的扣减消除量较高，因此，北京市排放总量要低于石家庄、唐山、天津等流域内其他城市。河北省的石家庄和唐山两座城市的化学需氧量主要是工业源和农业源排放占比较高；邯郸和保定则因为污水处理能力较低导致了较高的排污水平，这在一定程度上反映出两座位于海河流域中上游地区的城市水环境治理投入和污水处理能力明显偏低。

　　在氨氮方面，天津排放量为20644.93吨，大约占到海河流域重点城市排放总量的20.65%，排名第一。天津市的氨氮排放主要源于生活源，达到了26070.90吨。北京市生活源氨氮排放虽然比天津市还要高出20000吨，但由于其经污水处理厂处理的氨氮扣减消除量要比天津市高出 28000 吨，因此，北京市的氨氮排放总量要低于天津市。在化学需氧量方面排放水平较高的河北省石家庄、唐山、邯郸、保定等城市的氨氮排放水平则相对稍低。但需要注意的是，石家庄工业源的氨氮排放量是海河流域所有重点城市中最高的，达到 117550 吨，大约为天津市的 2.3 倍。山西省的大同、阳泉、长治在氨氮方面依然是流域内排放水平较低的城市。从单位地区生产总值的氨氮排放量上比较，由于北京市扣减消除量水平明显高于流域内其他重点城市，其亿元地区生产总值的排放量仅为 0.53 吨/亿元，这再次从侧面说明北京市的污水处理能力明显高于其他城市。

在总磷方面，海河流域排放总量排名前五位的依次是石家庄、天津、唐山、保定和邯郸，五个城市排放量占全流域重点城市比重大约为 65%。其中，天津市的排放以生活源为主，河北省城市以农业源为主。在单位地区生产总值的总磷排放上，河南省的安阳、焦作和河北省的城市普遍偏高，说明其单位产值的排放强度较大。与化学需氧量和氨氮排放量相类似，北京市的生活源总磷排放虽然依旧明显高于其他城市，但由于扣减量相对较大，其排放总水平并不是很高，单位地区生产总值的排放量则更低。

在总氮方面，污染物的排放主要集中在北京、天津、石家庄、保定、唐山 5 个城市，其排放总量大体也占到全流域重点城市的 65%。与其他污染物排放的区别在于，北京市的总氮排放达到 43244.29 吨，排名流域 12 个重点城市的第一位，其中，生活源依然是北京市的主要污染源。与总磷排放情况相类似，河南省的安阳和焦作虽然在排放总量上在流域内处于中下游水平，但由于其经济总量相对有限，单位地区生产总值的总氮排放水平在海河流域重点城市中依然是最高的，并且农业生产活动是这些城市总氮的主要污染源。

在石油类污染物排放方面，北京市以 23274.85 吨排名海河流域重点城市的第一位，几乎相当于海河流域所有重点城市排放量的 40%。经污水处理厂进行处理的污染物扣减消除量相对较低，再加上明显高于其他城市的生活源排放，是导致北京市石油类污染物排放水平在流域内明显偏高的主要原因。与其他污染物相比较，石油类污染物排放的另一显著特征是单位地区生产总值排放量的地区差异并不显著。考虑与化学需氧量、氨氮等相比较，石油类污染物所占比重较小，因此，北京、天津等经济发达城市控制和减排的重视程度与力度相对有限，这可能是造成城市间排放强度上差别不大的重要原因之一。

在挥发酚和氰化物方面，其最突出的特征是少数城市占据了流域内绝大部分的排放份额。例如，在挥发酚排放上，其他主要污染物排放水平相对较低的山西省长治市达到了749.83吨，是流域内其他11座重点城市排放总和的1.8倍，这可能与辖区内个别重污染企业排放水平超高具有密切关系。氰化物的排放具有类似特征。仍然是长治市，其氰化物排放量达到17867.43千克，接近其他城市总和的1.2倍。因此，对于如挥发酚和氰化物这样点源相对集中的污染物，进行"点对点"的针对性监控与治理相对更为有效。

综合海河流域12个重点城市污染物排放情况及污染源分析，可以得到以下结论：

（1）污染物排放地域分布明显。首先，在海河流域的化学需氧量、氨氮、总磷、总氮等主要污染物排放水平上，呈现出"河北省总量较大，山西省排放较低，河南省强度最高"的基本特征。从总量角度而言，河北省的重点城市，如石家庄、唐山、保定、邯郸的排放水平偏高，这与河北省高污染行业占比相对较高、农业生产相对发达、生产过程中化肥使用量大、污水处理能力相对偏弱等因素密切相关。相对而言，山西省的大同、阳泉、长治等城市主要污染物排放总量水平相对较低，这也与海河流域上游西部地区水质状况相对较好能够相互印证的。从单位地区生产总值的主要污染物排放水平上看，排放总量偏低的河南省安阳和焦作由于经济总量相对较小，单位产出的排放强度却是最高的，说明这些地区水环境的利用效率亟待提高。与此同时，挥发酚、氰化物这些非主要污染物的排放主要集中于个别城市的个别企业，一个城市的排放量往往超过其他城市总和的数倍，这意味着对其治理的具体措施须与其他主要污染物有所区别。

（2）城市间主要污染源差别较大。在主要污染物的污染来源上，北京市和天津市的生活源排放几乎都是最高的。该特征在北京市的表现尤为突出，这可能与北京市城市人口比重高、第三产业占比较大等社会经济因素存在直接关系。相对而言，在化学需氧量、总磷、总氮这些主要污染物上，流域内除京津两市之外的其他城市主要是以工业源或农业源为主。污染源分布上的差异，将会导致不同城市在污染物减排和河流污染治理的对象、手段及侧重点上有所区别。

（3）城市间污水处理能力差异巨大。虽然北京市的生活源化学需氧量、氨氮、总磷、总氮排放几乎占到海河流域重点城市生活源排放量的1/3，但由于其污水处理能力明显高于其他城市，排放总水平大体在流域内反而处于中游位置。相对而言，流域内其他城市的污水处理能力较弱，甚至一些城市反映污水处理能力的扣减消除量指标仅为北京市的1%，由此导致这些城市的实际污染物排放水平最终远超过污染物产生量更大的北京市。其中石油类污染物的一个反例是，由于北京市在石油类污染物扣减消除量上指标相对较低，导致其排放总量在流域内所有城市中排名最高。因此，基本可以判断，正是北京市明显高于其他城市的污水处理能力，才使得其在人口快速增长、经济高速发展的同时维持了较低的污染物排放水平。这也从一个侧面证明，海河流域河流污染的治理可以也应该从"源头"上抓起。也就是说，保证必要的环境保护资金投入，进而形成相对较强的污水处理能力，是实现社会经济与环境协调发展的重要条件。

第六章　海河流域经济空间结构情况评价

第一节　海河流域主要城市基本概况

海河流域地跨北京、天津、河北、山西、山东、河南、内蒙古、辽宁 8 个省、自治区和直辖市，包含北京、天津两个直辖市和石家庄、唐山、秦皇岛、邯郸、邢台、保定、张家口、承德、沧州、廊坊、衡水、大同、阳泉、长治、朔州、忻州、安阳、鹤壁、新乡、焦作、濮阳、德州、聊城 23 个地级市。

海河流域 25 个城市土地面积合计 33.1 万平方公里，约占中国国土面积的 3.44%，中国地级以上城市面积的 6.93%。截至 2014 年末，海河流域 25 个城市总人口为 1.44 亿人，约占全国总人口的 10.58%；人口密度为 434.85 人/平方公里，是全国平均水平的 3 倍。海河流域 25 个城市 2014 年按照当年价格计算的地区生产总值合计为 78540.44 亿元，约占当年中国 GDP 的 13.8%；人均地区生产总值为 54565.46 万元，是全国平均水平的 1.3 倍。在 2014 年的三次产业构成中，第一产业产值占比为 6.76%，约比全国平均水平低 3.2 个百分点；第二产业占比为 45.62%，约比全国平均水平高出 1.7 个百分点；第三产业占比为 47.62%，约比全国平均水平高出 1.52 个百分点。[①]

---

① 此处数据主要源于相应年份的《中国城市统计年鉴》，并经作者整理而成。

一、北京市

北京市北部与河北省唐山、承德、张家口三座城市接壤,西部和南部地区与河北省保定、廊坊相邻,东部与天津市毗邻。北京市属于海河水系,海河水系上游的潮白河、永定河、北运河、拒马河和泃河五条河流分别从北、西、南、东北4个方向流入北京市。

北京市土地面积为 16411 平方公里,2014 年末人口达到 1316.3 万人,其中市辖区人口为 1245.2 万人,占比达到 94.6%。2014 年全年地区生产总值为 19500.56 亿元,人均地区生产总值为 148181 元。在三次产业结构中,北京市第一产业占比仅为 0.83%,而第三产业占比达到 76.85%,明显高于海河流域其他城市。电力、热力生产和供应业,计算机、通信和其他电子设备制造,汽车制造等行业在工业中所占比重较高,是北京市工业领域的支柱产业。

二、天津市

天津市东临渤海,北部与河北省的唐山毗邻,西北部、西部分别与北京市、河北省廊坊市接壤,南部相邻的是河北省沧州市。天津市处于海河水系下游地区,海河上游的主要支流永定河、大清河、子牙河、独流碱河、蓟运河、北运河、潮白新河均汇聚于此,所以天津素有"九河下梢"之说。自天津市狮子林桥以下至入海口为海河干流。

天津市土地面积为 11917 平方公里,2014 年末人口达到 1004 万人,其中市辖区人口为 821.7 万人,占比达到 81.8%。2014 年全年地区生产总值为 14370.16 亿元,人均地区生产总值 143129 元。天津市是以高端装备制造业为主的工业城市,其第二产业占比达到 50.64%。黑色金属冶炼和压延加工,计算机、通信和其他电子设备制造,汽车制造业,专用设备制造等产业是天津市的支柱产业。

三、石家庄市

河北省省会城市石家庄市位于海河水系上游地区,北、东、南、西4个方向分别与河北省的保定、衡水、邢台和山西省的阳泉相邻。石家庄北部的沙河、磁河属于大清河水系，中南部的滹沱河、洨河、金河、槐河、泲河属于子牙河水系。境内的南岗和黄壁庄两座水库不仅是石家庄本地区重要的生产和生活水源地，2009 年以来还通过"四库调水"的方式为北京市供水安全提供了重要保障。

石家庄市土地面积为 15848 平方公里，2014 年末人口达到 1003.2 万，其中市辖区人口为 252.4 万，占比仅为 25.16%，在海河流域内的 25 座城市中处于中等偏下位置。2014 年全年地区生产总值为 4863.66 亿元，人均地区生产总值为 48491 元。石家庄第一产业占比达到了 10.05%，是中国粮、菜、肉、蛋、果主产区之一，农业集约化和产业化水平较高，生产规模位居全国 36 个重点城市第一。在石家庄的工业行业中，化学原料和化学制品制造，黑色金属冶炼和压延加工，皮革、毛皮、羽毛及其制品和制鞋，纺织业等占比重较大。

四、唐山市

唐山市位于海河流域东北部，东临渤海，东北和西北部分别与河北省秦皇岛市和承德市相邻，西部和南部与北京市和天津市接壤。唐山市境内流经海河和滦河两大水系。"引滦入津"工程的重要水源地潘家口水库和大黑汀水库均位于唐山市迁西县，然后沿唐山境内遵化市的黎河进入天津市蓟县的于桥水库。

唐山市土地面积为 13742 平方公里，2014 年末人口 738.7 万，其中市辖区人口为 302 万，占比仅为 41%。2014 年唐山市全年地区生产总值为 6121.21 亿元，列河北省城市第一位，排名全国第 14 位，甚至超过很多经济大省的省会城市；人均地区生产总值为 82831 元，也远高于河北省其他 10 个地级市。唐山市是中国重要的工业基地，且重工业化倾向明显，黑色金属冶炼和压延加工，黑色金属采选，煤炭开采和洗选，电力、燃气及水的生产和供应是唐山市的支柱产业。其中，黑色金属冶炼和压延加工业尤为突出，生铁、粗钢和钢材产量大约占到全国总产量的 1/10。

五、保定市

保定市位于海河流域西部的中上游地区，北邻北京市和张家口市，东接廊坊市和沧州市，南与石家庄市和衡水市相连，西部与山西省接壤。保定市河流主要为大清河水系，永定河流经辖区东北部。境内大清河水系又分为南北两支：南支主要有潴龙河、孟良河、孝义河、唐河、清水河、府河、漕河、瀑河、萍河等，最终汇入白洋淀；北支主要北拒马河和南拒马河，两河在高碑店市白沟镇相汇后成大清河，并经下游独流减河和海河干流入渤海。此外，保定市阜平县境内的王快水库和易县境内的安各庄水库是向北京市实施"四库调水"的另外两个重要水源地。

保定市土地面积为 20900 平方公里，2014 年末人口总数为 1163.9 万人，是河北省人口最多的地级市。但市辖区人口仅为 106.85 万人，占比仅为 9.18%，与衡水市一起是河北省市辖区人口比例最低的城市。2014 年保定市地区生产总值为 2904.31 亿元，人均地区生产总值为 24951 万元，在河北省内处于中等偏下水平。保定市第一产业占比接近 15%，第二产业占比在 55% 左右。在工业领域，保定市的纺织、橡胶和塑料制品、造纸和纸制品等轻工业相对发达。

第二节 经济发达程度评价

一、评价指标的选取

联合国开发计划署（United Nations Development Programme，UNDP）于 1990 年创立了人文发展指数（Human Development Index，HDI），利用"预期寿命、教育水平和生活质量"三项基础变量，通过指标计算反映一个国家的经济发达程度，用以修正传统单纯依靠人均 GDP 进行测度所带来的弊端。考虑中国各个地区，特别是东部省份人均寿命和死亡率等指标不像国与国之间差异明显，因此利用"社会保障"指标代替"预期寿命"指标。再结合经济发展水平状况，共设计 4 项一级指标，8 项二级指标反映海河流域 25 个城市的经济发达程度。

具体来看，4 项一级指标包括"经济发展水平""社会保障程度""教育医疗服务""居民生活质量"。"经济发展水平"下设的二级指标包括"人均地区生产总值"和"人均地方财政收入"，"社会保障程度"下设的二级指标包括"城镇基本养老参保率"和"城镇基本医疗参保率"。"教育医疗服务"下设的二级指标包括"每万人在校大学生人数"和"每万人拥有医院床位数","居民生活质量"下设的二级指标包括"在岗职工平均工资"和"居民人民币储蓄存款人均平均余额"。数据主要来源于《2014年中国城市统计年鉴》。

二、评价结果的分析

1. 经济发展水平评价结果的分析

表6-1反映了海河流域25个城市经济发展水平的评价结果。其中,为了保证不同规模城市之间具有可比性,通过人均地方财政收入(地方财政收入/地方年末人口数)反映地方政府的财政状况。结果显示,无论是"人均地区生产总值"指标,还是"人均地方财政收入"指标,北京市和天津市都遥遥领先于海河流域其他城市。其中,北京市和天津市2013年的人均地区生产总值分别是本区域平均值的3.2倍和3.1倍,比排名第三位的唐山市也分别要高出79%和73%。北京市和天津市两座直辖市2013年的人均地方财政收入分别为27813.64万元和20707.88万元,更分别是本区域平均水平的6.23倍和4.23倍,比排名第三位的朔州市要高出4.1倍和2.8倍。山西的朔州市,河北的唐山市、廊坊市、石家庄市基本处于第二集团。河南的安阳市、濮阳市,河北的保定市、衡水市、邢台市"经济发展水平"一级指标的综合排名靠后。

表6-1　海河流域城市经济发展水平评价结果①

城市	二级指标1		二级指标2		综合排名
	人均地区生产总值(元)	地区排名	人均地方财政收入(万元)	地区排名	
北京市	148181	1	27813.64	1	1
天津市	143129	2	20707.88	2	2
石家庄市	48491	5	3141.18	9	6
唐山市	82831	3	4310.48	6	4
秦皇岛市	39889	11	3741.13	7	8
邯郸市	30800	16	1736.94	20	18
邢台市	21030	25	1178.83	25	25

---

①　综合排名按照人均地区生产总值排名和人均地方财政收入排名各占0.5的权重计算得分,然后按照倒序,得分少者排名靠前。其他一级指标排名也参照此种指标计算方法。

续表

城市	二级指标1		二级指标2		综合排名
	人均地区生产总值（元）	地区排名	人均地方财政收入（万元）	地区排名	
保定市	24951	22	1549.13	21	22
张家口市	28201	19	2537.33	14	17
承德市	33653	15	2710.94	11	12
沧州市	39960	10	2283.97	17	13
廊坊市	46046	7	4863.50	4	5
衡水市	23889	23	1531.50	23	24
大同市	28707	17	2802.13	10	13
阳泉市	46001	8	3613.31	8	7
长治市	39343	13	4390.50	5	8
朔州市	58989	4	5464.45	3	3
忻州市	21052	24	2366.79	16	20
安阳市	27968	20	1531.58	22	21
鹤壁市	37477	14	2389.39	15	15
新乡市	28258	18	2072.07	19	19
焦作市	46396	6	2646.64	12	8
濮阳市	27110	21	1449.92	24	23
德州市	42497	9	2591.86	13	11
聊城市	39563	12	2268.62	18	16

资料来源：2015年《中国城市统计年鉴》，并经作者整理而成。

2. 社会保障程度评价结果的分析

运用"城镇基本养老保险参保率"和"城镇基本医疗保险参保率"两项二级指标反映海河流域25个城市的社会保障程度，具体指标的计算结果如表6-2所示。与"经济发展水平"指标的评价结果相类似，北京市和天津市"社会保障程度"指标明显领先于海河流域其他城市。其中，排名第一位的北京市城镇基本养老保险参保率和城镇基本医疗保险参保率分别接近甚至是超过了100%。海河流域25个城市城镇基本养老保险参保率和城镇基本医疗保险参保率的平均水平均不足20%。河北省的唐山市、秦皇岛市和山西省的阳泉市、大同市"社会保障程度"评价结果也在区内处于比较领先位置。河北省的沧州市、保定市、邢台市，河南省的濮阳市，山西省的朔州市指标排名靠后。

表 6 - 2　海河流域城市社会保障程度评价结果

城市	二级指标3		二级指标4		综合排名
	城镇基本养老保险参保率（%）	地区排名	城镇基本医疗保险参保率（%）	地区排名	
北京市	99.62	1	102.92	1	1
天津市	51.86	2	49.11	2	2
石家庄市	18.60	7	13.55	9	7
唐山市	26.79	3	20.55	5	3
秦皇岛市	24.32	4	19.74	6	5
邯郸市	11.37	18	10.42	15	17
邢台市	7.85	24	8.05	23	25
保定市	10.05	23	8.77	22	22
张家口市	16.76	9	13.50	10	9
承德市	14.28	11	11.44	14	12
沧州市	10.76	20	8.05	24	21
廊坊市	17.19	8	14.33	8	7
衡水市	10.37	22	10.37	16	19
大同市	21.23	6	26.05	4	5
阳泉市	23.08	5	28.88	3	3
长治市	12.62	15	16.27	7	11
朔州市	10.53	21	7.07	25	24
忻州市	12.46	16	10.31	17	17
安阳市	13.27	12	9.93	18	15
鹤壁市	10.90	19	8.98	21	20
新乡市	12.18	17	12.38	12	14
焦作市	14.67	10	13.04	11	10
濮阳市	7.18	25	9.42	20	22
德州市	12.77	14	11.88	13	13
聊城市	13.17	13	9.57	19	16

资料来源：2015 年《中国城市统计年鉴》，并经作者整理而成。

3. 教育医疗服务评价结果的分析

分别选择"每万人在校大学生人数"和"每万人拥有医院床位数"两项二

级指标进行对海河流域 25 个城市教育医疗服务情况评价，指标具体的计算结果
如表 6-3 所示。在反映地区居民受教育程度的"每万人在校大学生人数"指标
上，河北省的秦皇岛市超过北京市和天津市排名第一。同时，河北省的衡水市、
河南省的濮阳市和山西省的朔州市每万人在校大学生人数排名后三位，仅为排名
靠前城市的 1/20 左右。在反映地区医疗条件的"每万人医院床位数"指标上，
北京市、天津市两座城市排名前两位，河北省的邢台市、衡水市和保定市排名后
三位。但相对而言，"每万人医院床位数"指标城市间差异并不明显，排名第一
的北京市仅比本区域平均水平高出 100%，比排名最后的保定市高出 192%。结
果反映出海河流域不同城市之间在公共医疗服务上水平的差异，不如教育资源一
般差距明显。通过两项二级指标加权得到的"教育医疗服务"一级指标排名上，
北京市、天津市、秦皇岛市、石家庄市和唐山市排名前五位，朔州市、邯郸市、
邢台市、濮阳市和衡水市排名后五位。

表 6-3 海河流域城市教育医疗服务评价结果

城市	二级指标 5		二级指标 6		综合排名
	每万人在校大学生人数（人）	地区排名	每万人医院床位数（张）	地区排名	
北京市	448.43	2	87.58	1	1
天津市	476.35	3	52.85	2	2
石家庄市	393.46	4	47.67	5	4
唐山市	169.22	8	51.82	3	5
秦皇岛市	534.18	1	47.58	6	3
邯郸市	62.16	22	35.79	20	22
邢台市	66.14	20	35.14	23	23
保定市	121.26	9	29.99	25	17
张家口市	97.14	12	41.29	13	13
承德市	109.47	11	41.59	12	10
沧州市	68.90	17	35.31	22	19
廊坊市	242.56	5	36.81	18	10
衡水市	36.51	23	33.85	24	25
大同市	116.11	10	47.05	7	7
阳泉市	90.83	15	50.25	4	9
长治市	90.84	14	42.95	9	10

城市	二级指标5		二级指标6		综合排名
	每万人在校大学生人数（人）	地区排名	每万人医院床位数（张）	地区排名	
朔州市	1.89	25	38.75	16	21
忻州市	66.75	19	39.14	15	17
安阳市	95.90	13	37.02	17	14
鹤壁市	64.48	21	42.70	10	16
新乡市	228.42	6	43.05	8	6
焦作市	213.93	7	42.32	11	8
濮阳市	27.48	24	36.13	19	23
德州市	68.39	18	35.75	21	19
聊城市	77.47	16	40.94	14	14

资料来源：2015 年《中国城市统计年鉴》，并经作者整理而成。

4. 居民生活质量评价结果的分析

通过"职工平均工资"和"居民人民币储蓄存款人均余额"两项二级指标评价海河流域 25 个城市的居民生活质量，具体结果如表 6－4 所示。结果显示，北京市和天津市在两项指标上依然明显领先于其他城市。其中，北京市在"居民生活质量"指标上的优势尤为明显。2013 年北京市职工年平均工资水平达到 93996.77 万元，是本区域内平均水平的 2.1 倍，比排名第二的天津市也要高出 37% 左右。差距更大的是"居民人民币储蓄存款人均余额"指标。北京市在当年居民人民币储蓄存款人均余额达到 174005.6 万元，是本区域平均水平的 4.68 倍，是排名第二位天津市的 2.3 倍，是排名最后一位河南省鹤壁市的 8.77 倍。在其他城市中，山西省的阳泉市、大同市和河北省的唐山市居民生活质量评价结果分别处于海河流域 25 座城市的第 3 至 5 位，而河南省新乡市、焦作市、鹤壁市、安阳市、濮阳市处于"居民生活质量"一级指标排名靠后的位置。

表6－4 海河流域城市居民生活质量评价结果

城市	二级指标7		二级指标8		综合排名
	职工平均工资（人）	地区排名	居民人民币储蓄存款人均余额（万元）	地区排名	
北京市	93996.77	1	174005.60	1	1
天津市	68863.49	2	75819.79	2	2

续表

城市	二级指标7		二级指标8		综合排名
	职工平均工资（人）	地区排名	居民人民币储蓄存款人均余额（万元）	地区排名	
石家庄市	43653.04	10	49448.88	7	8
唐山市	48270.06	7	49261.90	3	4
秦皇岛市	48308.30	6	44812.34	5	6
邯郸市	39040.86	15	43310.25	19	18
邢台市	39707.41	13	41443.35	18	15
保定市	39678.67	14	40510.56	16	14
张家口市	36290.59	22	37906.05	15	19
承德市	42323.10	12	32753.43	14	12
沧州市	43475.67	11	32478.75	13	11
廊坊市	49630.59	4	29241.38	6	4
衡水市	36685.95	21	27740.15	12	16
大同市	51577.39	3	27307.23	8	6
阳泉市	48494.21	5	27171.10	4	3
长治市	44601.95	9	26086.71	10	10
朔州市	47172.42	8	21880.52	9	8
忻州市	38303.75	17	21705.70	11	13
安阳市	34612.98	23	20263.24	22	22
鹤壁市	37580.60	20	19839.47	25	22
新乡市	33539.73	25	19655.03	23	25
焦作市	34315.87	24	17541.93	21	22
濮阳市	37586.10	19	17354.10	24	21
德州市	38799.82	16	16440.62	17	16
聊城市	37701.27	18	15499.55	20	20

资料来源：2015年《中国城市统计年鉴》，并经作者整理而成。

5. 经济发达程度综合评价结果的分析

将"经济发展水平""社会保障程度""教育医疗服务""居民生活质量"4项一级指标排名加总，然后按照倒序排名。在此基础上，将排名由高到划低分为A、B、C、D、E共计5个档次，每个档次5个城市。然后，对于A档次城市按照A+、A+、A、A-、A-进行排序，其他档次以此类推，可以得到海河流域

25 个城市经济发达程度的最终综合评价结果，具体如图 6-1 所示。①

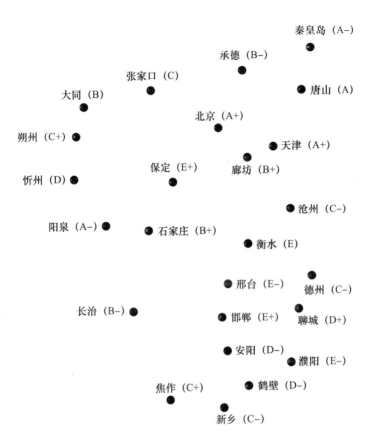

图 6-1 海河流域城市经济发达程度综合评价结果

从经济空间结构的分布上看，海河流域城市的经济发达程度基本与水系走向重合，呈现"下游发达，上游落后"的"扇形"分布。位于海河流域下游位置的北京市和天津市两座直辖市经济发达程度最高，几乎在所有的评价指标上都遥遥领先于流域内的其他城市。其他城市经济发达程度基本呈现"扇形"排开，并在一定程度上具有"北强南弱"的分布特征。位于海河流域东北部的唐山市、秦皇岛市，以及邻近京津的廊坊市在综合评价结果上基本处于 A 档次和 B + 层

① 对于排名相同城市采用"就高不就低"的评价原则，即将排名相同城市归为较高档次，下一档次城市数量则相应减少。

级；而综合评价结果处于 E 档次的城市，如邯郸市、衡水市、邢台市、濮阳市基本位于海河流域南部地区。

第三节　区位中心性评价

一、评价指标的选取

区位中心性本身是个流量的概念，位于区位中心的城市往往意味着能够聚集区域内更多的人口和生产要素。但是，中国现有统计资料没有提供各个城市之间人口和生产要素的流动数据，只能寻找相应的代理变量予以测度。考虑铁路仍然是中国居民现阶段最主要的长途出行方式，因此，利用海河流域 25 个城市 2013 年的铁路客运量作为代理变量反映人口流动情况：铁路客运量越高，区位中心性就越强。同理，利用 25 个城市货运量作为代理变量反映生产要素流动情况：货物运输量越大，区位中心性就越强。

与之对应，根据区域经济学中的"引力模型"，两个城市之间的贸易流量与它们各自的规模成正比，与它们之间的距离成反比。由于城市之间的距离是既定的，因此经济体量越大，人口越多，与其他城市的贸易量也就越大，越有可能成为区位中心城市。但是，考虑现有统计资料中的地级市人口数包含农村人口在内，而农村生产生活方式决定了其对于周边地区的"引力"作用相对有限，因此选择市辖区人口数反映城市规模更具合理性。

综合以上分析，海河流域 25 个城市的区位中心性通过两项流量指标和两项存量指标进行评价。其中，流量指标包括"铁路客运量"和"货运量"，存量指标包括"市辖区人口数"和"地区生产总值"。

二、评价结果的分析

1. 流量指标评价结果的分析

表 6-5 反映了通过"铁路客运量"和"货运量"两项流量指标计算得到的

海河流域 25 个城市区位中心性排名，两项指标的计算结果有所差异。"铁路客运量"反映北京市 2013 年铁路旅客发送量达到 11588 万人，比排名第二位的天津市要高出 2.46 倍，比本区域的平均值高出 10.14 倍。结果反映出北京市毫无疑问是海河流域 25 座城市中最为重要的客流集散地。此外，天津市和河北省的保定市、石家庄市、邯郸市"铁路客运量"指标排名分别位于第 2 位至第 5 位。相对而言，聊城市、焦作市、长治市、鹤壁市"铁路客运量"排名位置相对靠后，发送旅客数量还不到北京市的 1%。河南省濮阳市"铁路客运量"数据缺失，排名最后一位。对于"货运量"指标，由于天津市是中国北方重要的港口城市，海河流域其他城市每年有大量的货物通过天津港出口国外，因此天津市"货运量"明显高于地区其他城市，排名地区第 1 位。河北省的唐山市、邯郸市、石家庄市、沧州市"货运量"指标排名位于第二集团位置。"铁路客运量"指标遥遥领先的北京市，其货运量为 25865 万吨，仅为天津市的 52% 左右，排名位列海河流域 25 座城市的第 7 位。此外，河北省的秦皇岛市、衡水市和河南省的鹤壁市、濮阳市"货运量"指标排名靠后。将两项指标排名加权平均，得到 25 个城市区位中心性流量指标的综合排名。天津市排名第一，北京市、石家庄市、邯郸市并列第二位，山西的阳泉市、长治市和河南的鹤壁市、濮阳市等位于海河流域上游地区的排名位置垫底。

表 6-5 海河流域城市区位中心性流量指标评价结果

城市	流量指标 1		流量指标 2		综合排名
	铁路客运量（万人）	地区排名	货运量（万吨）	地区排名	
北京市	11588	1	25865	7	2
天津市	3352	2	50322	1	1
石家庄市	1100	4	35893	4	2
唐山市	823	7	47879	2	5
秦皇岛市	816	8	7835	22	14
邯郸市	846	5	36956	3	2
邢台市	429	14	15425	14	12
保定市	1207	3	26879	6	5
张家口市	439	13	9780	19	17
承德市	368	16	9154	20	20

城市	流量指标1		流量指标2		综合排名
	铁路客运量（万人）	地区排名	货运量（万吨）	地区排名	
沧州市	351	17	35406	5	9
廊坊市	206	20	12821	16	20
衡水市	830	6	7045	24	14
大同市	569	10	20274	11	7
阳泉市	247	19	8413	21	22
长治市	113	23	11731	18	23
朔州市	474	12	23093	9	7
忻州市	683	9	13249	15	11
安阳市	420	15	25397	8	10
鹤壁市	71	24	7830	23	24
新乡市	521	11	12264	17	12
焦作市	116	22	22489	10	17
濮阳市	数据缺失	25	6030	25	25
德州市	277	18	18974	12	16
聊城市	160	21	15843	13	19

资料来源：2015 年《中国城市统计年鉴》，并经作者整理而成。

2. 存量指标评价结果的分析

表 6 - 6 反映了通过存量指标测度的海河流域城市区位中心性的评价结果。在通过"市辖区人口数"和"地区生产总值"反映城市规模的两项存量指标中，北京市和天津市两座城市遥遥领先于海河流域其他城市，排名前两位。其中，北京市 2013 年市辖区的人口数达到了 1245.22 万，是本区域内市辖区人口平均数的 7.02 倍，比排名最后一位的衡水市要高出近 30 倍，比第二位的天津市也要高出 50% 以上。就经济总量而言，北京市也是最高的，2013 年的地区生产总值达到了 19500 亿元，是区域内平均水平的 6.2 倍，比排名第二位的天津市高出 37% 左右。从综合排名来看，河北省的唐山市和石家庄市两座城市稳定在区域内的三四名位置，但相较于北京市和天津市两座直辖市，无论是在人口规模还是在经济体量上都尚有不小的差距。河南鹤壁市、河北衡水市、山西忻州市由于市辖区人口规模相对有限，经济体量也较小，存量指标的综合排名后三位。

表6-6　海河流域城市区位中心性存量指标评价结果

城市	存量指标1		存量指标2		综合排名
	市辖区人口数（万人）	地区排名	地区生产总值（亿元）	地区排名	
北京市	1245.22	1	19500.56	1	1
天津市	821.67	2	14370.16	2	2
石家庄市	252.41	4	4863.66	4	4
唐山市	302.87	3	6121.21	3	3
秦皇岛市	87.99	12	1168.75	18	15
邯郸市	139.36	6	3061.50	5	5
邢台市	86.82	13	1604.58	14	12
保定市	106.85	9	2904.31	7	6
张家口市	85.30	14	1317.00	16	15
承德市	58.91	22	1272.09	17	21
沧州市	53.40	24	3012.99	6	15
廊坊市	82.28	15	1943.13	10	11
衡水市	40.99	25	1070.23	20	24
大同市	176.61	5	967.43	22	12
阳泉市	70.70	18	611.81	25	22
长治市	71.00	17	1333.72	15	18
朔州市	72.10	16	1026.40	21	19
忻州市	55.40	23	654.73	23	25
安阳市	114.38	8	1683.65	13	8
鹤壁市	62.59	20	622.12	24	23
新乡市	103.88	10	1766.10	11	8
焦作市	98.31	11	1707.36	12	10
濮阳市	68.40	19	1130.48	19	20
德州市	60.89	21	2460.59	8	14
聊城市	116.51	7	2365.87	9	6

资料来源：2015年《中国城市统计年鉴》，并经作者整理而成。

3. 综合评价结果的分析

将流量指标和存量指标排名的结果进行加权平均，并参照 A－B 的五档评价方法，可得到海河流域 25 个城市区位中心性的综合评价结果，具体如图 6－2 所示。

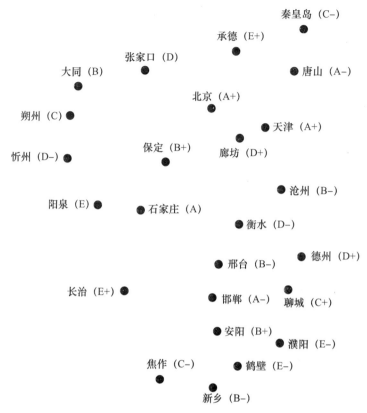

图6－2　海河流域城市区位中心性综合评价结果

综合评价结果显示，海河流域 25 个城市区位中心性的评价结果也基本符合海河水系的走势，与经济发达程度的空间分布大体重合，呈现"下游中心，上游边缘"的"扇形"分布特征。北京市和天津市两座直辖市无论在反映人员流动和货物运输的流量指标，还是在反映城市规模的存量指标上，均处于海河流域的中心位置，是区域的中心城市。除此之外，河北的省会石家庄市和东北部工业重镇唐山市也处于海河流域经济活动相对中心的位置，可大致归为海河流域内的次中心城市。位于海河流域上游北部、西部和南部的城市，区位中心性综合评价结果基本处于 C 至 E 档次，是流域的非中心性城市。其中，地处海河流域东北部的河北省秦皇岛市虽然在经济发达程度评价中处于 A－水平，但由于地理位置和城市规模等原因，在区位中心性评价结果中仅处于 C－层级，二者评价结果的差异性较大。海河流域南部的邯郸市、邢台市等城市虽然在经济发达程度综合评价中排名靠后，但区位中心性综合评价结果排位相对前移。

第四节 经济联系紧密性评价

一、评价指标的选取

国与国之间的经济联系往往利用国家间贸易往来数据进行反映。但是由于一国之内地区间贸易往来数据的缺失，现有研究大多采用引力模型反映国内城市之间的经济联系强度。引力模型综合考虑了两个城市之间人口数量、经济总量、空间距离等因素的影响，计算的结果越大，城市之间的理论联系就越强。不可否认，相较于具体的贸易流量数据，引力模型在反映地区间经济联系紧密程度上稍显粗糙，但依据其结果也大致可对地区间经济联系做出判断。并且，引力模型在相关领域已有比较成熟的运用，因此其研究结果的科学性也相对有保证。

根据引力模型，海河流域 25 个城市经济联系强度指标 $Ties_{ij,t}$ 的表达式如式（6-1）表示：

$$Ties_{ij,t} = \frac{\sqrt{S_{i,t}G_{i,t}} \times \sqrt{S_{j,t}G_{j,t}}}{D_{ij}^2} \tag{6-1}$$

其中，$S_{i,t}$ 和 $S_{j,t}$ 分别表示海河流域第 i 个和第 j 个城市在第 t 年年末人口数；$G_{i,t}$ 和 $G_{j,t}$ 分别表示海河流域第 i 个和第 j 个城市在第 t 年的地区生产总值；D_{ij} 表示第 i 个和第 j 个城市之间的空间距离，具体用最近的公路距离表示。

二、评价结果的分析

根据引力模型，海河流域 25 个城市之间可以得到 300 个计算结果反映相关城市之间经济联系紧密程度。具体来看，引力模型计算结果 $Ties \geq 500$ 的，评价为 A 级，城市间经济联系最为紧密；计算结果 $100 \leq Ties < 500$ 的，评价为 B 级，经济联系较为紧密；计算结果 $50 \leq Ties < 100$ 的，评价为 C 级，经济联系程度一般；计算结果 $10 \leq Ties < 50$ 的，评价为 D 级，经济联系较为松

散；计算结果 Ties <10 的，评价为 E 级，经济联系非常松散。具体的评价结果如表 6-7 所示。①

表 6-7　海河流域经济联系程度评价结果

评价等级	数量（个）	最大值	最小值	平均值	中位数	城市	计算结果（万人·亿元/平方公里）
A	5	1382.08	516.93	824.00	537.69	北京—天津	1382.08
						北京—廊坊	1156.47
						天津—廊坊	537.69
						北京—唐山	526.84
						天津—唐山	516.93
B	17	475.25	102.70	219.36	203.26	北京—保定	475.25
						邯郸—安阳	471.98
						邯郸—邢台	405.39
						天津—沧州	397.65
						石家庄—保定	219.57
						北京—沧州	209.37
						新乡—焦作	203.26
						石家庄—邢台	184.80
						天津—保定	169.47
						北京—石家庄	137.78
						石家庄—邯郸	136.53
						沧州—德州	131.43
						安阳—鹤壁	129.37
						北京—张家口	121.27
						邯郸—聊城	119.04
						衡水—德州	114.31
						石家庄—衡水	102.70

---

① 根据引力模型计算得到的海河流域经济联系紧密程度评价结果中，D 级和 E 级城市数量较多，因此具体数据略去，读者如有兴趣可向作者索要。

续表

评价等级	数量（个）	最大值	最小值	平均值	中位数	城市	计算结果（万人·亿元/平方公里）
C	21	84.27	51.41	66.46	68.18	德州—聊城	84.27
						邢台—安阳	82.78
						安阳—新乡	82.42
						石家庄—德州	82.27
						天津—德州	80.70
						保定—廊坊	74.03
						唐山—秦皇岛	72.47
						北京—承德	71.94
						天津—石家庄	70.49
						石家庄—沧州	68.18
						保定—沧州	62.85
						邯郸—新乡	62.68
						唐山—廊坊	62.19
						北京—德州	62.11
						唐山—沧州	60.60
						鹤壁—濮阳	53.87
						邯郸—濮阳	53.25
						安阳—濮阳	53.20
						保定—衡水	52.28
						唐山—保定	51.70
						沧州—廊坊	51.41
D	73	49.88	10.12	23.40	21.43	略	—
E	184	9.91	0.27	3.34	2.51	略	—

资料来源：2015 年《中国城市统计年鉴》，并经作者整理而成。

如表 6-7 所示，以 2013 年截面数据为基准进行评价可以发现，海河流域经济联系紧密的城市主要集中在流域下游的北京市、天津市、唐山市、廊坊市。这与经济发达程度和区位中心性的评价结果是基本吻合的，即海河流域经济发达地区、区位中心区、经济联系紧密区基本都集中在以北京市和天津市两座直辖市为核心的海河下游地区。

具体来看，作为两大直辖市，相隔约 120 公里的北京市和天津市引力模型计算结果达到 1382.08（万人·亿元/平方公里），在相关城市之间的经济联系最为紧密。廊坊市虽然在经济总量上在海河流域 25 个城市中位于中游位置（排名第10），但由于其与北京市和天津市距离较近（与北京市公路距离约 63 公里，与天津公路距离约 80 公里），因此引力模型计算结果显示"廊坊—北京"和"廊坊—天津"之间的经济联系也非常紧密。唐山市是海河流域经济体量第三大的城市，相较于排名第四位的石家庄市，其与北京市和天津市的空间距离更加接近（与北京市公路距离约 143 公里，与天津市公路距离约 125 公里），因此"唐山—北京"和"唐山—天津"之间经济联系紧密程度的评价结果也为 A 级。作为海河流域中上游地区的中心城市石家庄市，由于其周边城市人口规模和经济体量都相对有限，与北京市、天津市等其他中心城市距离也相对较远（与北京市公路距离约 290 公里，与天津公路距离约 320 公里），因此没有一个城市与其经济联系紧密程度的评价结果为 A 级。

经济联系紧密程度评价为 B 级的共有 17 个，主要存在于北京市（4 个）、石家庄市（4 个）与其周边城市之间。评价为 C 级的共有 21 个，分布较为分散，区位性特征并不明显。此外，分别有 72 个和 185 个城市之间的经济联系评价为 D 级和 E 级，主要集中在经济总量相对有限，与其他城市之间距离较远的秦皇岛市、张家口市、承德市、大同市、阳泉市、朔州市、忻州市等海河流域上游地区。

综合以上评价结果，下游地区联系紧密，中上游地区联系松散，是海河流域相关城市之间经济联系强度的基本分布特征。

第五节　产业互补性评价

一、评价指标的选取

正如前文所分析的，产业互补性与区际间产业同构程度具有密切关系。过高或过低的产业同构程度都不利于产业互补性的增强，产业同构程度与产业互补性呈现倒"U"型曲线关系。因此，可以通过产业同构程度的测度间接反映产业互补性。

现有研究大多采用联合国工业发展组织 1980 年构建的产业同构系数反映区际间的产业同构程度（樊福卓，2013）。其中，产业同构系数 $Isom \in [0, 1]$，$Isom = 1$ 表示两地区产业完全同质，$Isom = 0$ 表示两地区产业完全异化。海河流域 25 个城市之间产业同构系数 $Isom_{ij,t}$ 的表达式设定如式（6-2）所示：

$$Isom_{ij,t} = \frac{\sum_{k=1}^{n} X_{ik,t} X_{jk,t}}{\sqrt{\sum_{k=1}^{n} X_{ik,t}^2 \sum_{k=1}^{n} X_{jk,t}^2}} \tag{6-2}$$

其中，$X_{ik,t}$ 和 $X_{jk,t}$ 分别表示海河流域第 i 个和第 j 个城市在第 t 年 k 产业的比重。

二、评价结果的分析

首先，根据式（6-2）可以计算得到海河流域 25 个城市之间 2013 年的 300 个产业同构系数，反映相关城市产业结构的相似程度。在此基础上，根据产业同构程度与产业关联程度之间存在的倒"U"型曲线关系，可以大致判断城市之间的产业互补性。具体来看，根据产业同构系数计算结果 $Isom \geqslant 0.99$ 的，评价为 A 级，城市之间产业结构高度同质；$0.97 \leqslant Isom < 0.99$ 的，评价为 B 级，城市之间产业结构较为同质；$0.95 \leqslant Isom < 0.97$ 的，评价为 C 级，城市之间产业结构关系较为中性；$0.90 \leqslant Isom < 0.95$ 的，评价为 D 级，城市之间产业结构较为异质；$Isom \leqslant 0.90$ 的，评价为 E 级，城市之间产业结构高度异质。具体的评价结果如表 6-8 所示。[①]

表 6-8 海河流域产业同构程度评价结果

评价等级	数量（个）	最大值	最小值	平均值	中位数	城市	产业同构系数
A	100	0.9999	0.9900	0.9958	0.9960	略	—
B	87	0.9894	0.9700	0.9811	0.9817	略	—

[①] 根据产业同构系数计算得到的海河流域产业同构指标评价结果数据较多，因此只列示 C 级的具体结果，其他等级具体数据略去，读者如有兴趣可向作者索要。

续表

评价等级	数量（个）	最大值	最小值	平均值	中位数	城市	产业同构系数
						阳泉—承德	0.9695
						鹤壁—唐山	0.9693
						鹤壁—安阳	0.9693
						濮阳—衡水	0.9687
						德州—焦作	0.9687
						忻州—长治	0.9684
						天津—秦皇岛	0.9682
						新乡—鹤壁	0.9672
						焦作—承德	0.9658
						焦作—廊坊	0.9651
						濮阳—承德	0.9645
						忻州—张家口	0.9643
						聊城—濮阳	0.9640
						新乡—张家口	0.9638
						焦作—邯郸	0.9637
C	50	0.9695	0.9501	0.9596	0.9595	焦作—沧州	0.9636
						沧州—秦皇岛	0.9630
						焦作—阳泉	0.9627
						邯郸—秦皇岛	0.9626
						安阳—张家口	0.9616
						廊坊—秦皇岛	0.9614
						天津—唐山	0.9609
						石家庄—长治	0.9608
						鹤壁—保定	0.9600
						大同—承德	0.9598
						大同—衡水	0.9595
						大同—唐山	0.9591
						天津—张家口	0.9587
						德州—濮阳	0.9582
						大同—保定	0.9578
						德州—秦皇岛	0.9578

续表

评价等级	数量（个）	最大值	最小值	平均值	中位数	城市	产业同构系数
C	50	0.9695	0.9501	0.9596	0.9595	大同—邢台	0.9576
						大同—新乡	0.9568
						唐山—张家口	0.9554
						濮阳—邯郸	0.9553
						天津—新乡	0.9552
						大同—安阳	0.9550
						天津—安阳	0.9539
						濮阳—朔州	0.9536
						天津—保定	0.9533
						聊城—秦皇岛	0.9528
						濮阳—廊坊	0.9527
						天津—衡水	0.9523
						鹤壁—邢台	0.9517
						濮阳—沧州	0.9512
						天津—承德	0.9512
						承德—秦皇岛	0.9512
						阳泉—张家口	0.9509
						天津—邢台	0.9504
						鹤壁—衡水	0.9501
D	29	0.9493	0.9000	0.9325	0.9377	略	—
E	34	0.8992	0.5064	0.7773	0.7991	略	—

资料来源：2015 年《中国城市统计年鉴》，并经作者整理而成。

通过数据分析可以发现，海河流域 25 个城市之间产业结构同质化程度较高。其中，产业同构系数 Isom 超过 0.99 的达到了 100 个，0.97～0.99 的达到了 87 个，二者合计占比超过了所有计算结果的 60%。根据产业同构程度与产业关联度存在的倒"U"型曲线关系的假设，这些城市之间由于产业结构过度同质，因此产业互补性相对较弱。

产业同构系数 Isom 在 0.95～0.97 的被评价为 C 级。相对而言，恰当的产业同构程度既能在一定程度上达到城市间的产业互补，又能形成较为有效的产业衔接。海河流域共有 50 组城市的产业同构系数为 0.95～0.97。在空间分布上，作为高端装备制造业基地，天津市共与9个城市产业同构系数为0.95~0.97，与流域内其他城市之间的产业互补性相对较强。其他产业互补性较强的城市大多位于海河流域的中上游地区，例如濮阳市出现8次、秦皇岛市和大同市各出现7次，张家口市、承德市、鹤壁市和焦作市分别出现6次。

产业同构系数 Isom 为0.90~0.95的被评价为D级，产业关联程度也相对较高。通过分析可以发现，产业同构系数落于该区间的城市仍主要集中在海河流域中上游地区，如鹤壁市（10次）、秦皇岛市（8次）、焦作市（5次）等城市。需要引起关注的是，作为经济体量最大、发达程度最高的北京市，海河流域没有一个城市与其产业同构系数能够达到0.90以上。

海河流域25个城市之间产业同构系数 Isom 低于0.90共计有34组。由于产业结构过于异化，这些城市之间的产业关联程度一般也较低，产业互补性在一定程度上可能受到影响。如表6-9所示，北京市与海河流域的其他城市产业同构系数都低于0.9。其中，与北京市产业同构系数最高的为秦皇岛市，达到了0.8974，而北京市与焦作市（0.5908）、濮阳市（0.5449）、鹤壁市（0.5064）的产业同构系数均不足0.6。这意味着北京市与海河流域其他城市之间产业结构差异程度过大，可能很难形成有效的产业衔接。实际上，近年来国家在推动京津冀协同发展国家战略过程中面临的北京市产业向外转移不顺，河北省相关城市产业承接能力不强等现实，已经从另一个侧面反映了北京市与其他城市之间产业同构程度过低，结构差异过大的问题。

表6-9　北京市与海河流域其他城市产业同构系数

天津市	0.8633	保定市	0.7079	大同市	0.8748	鹤壁市	0.5064
石家庄市	0.8272	张家口市	0.8235	阳泉市	0.7810	新乡市	0.6996
唐山市	0.7021	承德市	0.7259	长治市	0.6621	焦作市	0.5908
秦皇岛市	0.8974	沧州市	0.7767	朔州市	0.7991	濮阳市	0.5449
邯郸市	0.7638	廊坊市	0.7738	忻州市	0.8122	德州市	0.7611
邢台市	0.7152	衡水市	0.7200	安阳市	0.6947	聊城市	0.7464

资料来源：2015年《中国城市统计年鉴》，并经作者整理而成。

究其原因，可能与北京市的产业结构特征有关。2013年，北京市第一产业占比不足1%，第二产业占比为22%，第三产业占比则接近77%。海河流域的其他城市，第二产业在地区经济中所占比重都是最高的。其中，焦作市、濮阳市基本都在 67% 左右，鹤壁市甚至超过 70%。相对而言，相关城市的第三产业并不发达，即使是同样作为直辖市的天津市，其第三产业占比也仅为 48%，焦作市、濮阳市则不足 25%，鹤壁市甚至仅为 18%。在工业系统内部，北京市的计算机、通信和其他电子设备制造，汽车制造，电气机械和器材制造等行业排名靠前。这也与其他城市，特别是河北省所属城市以黑色金属冶炼和压延加工，电力、热力生产和供应为主的工业内部结构存在明显差异。在第三产业中，北京市金融服务业的营业收入占比达到了 17%，而这也恰恰是本流域内很多其他城市的短板。因此，在中心城市北京的产业结构与其他城市之间存在如此明显差异的条件下，如何增强上下游城市间治污行为的协同性，是海河流域水污染治理过程中面临的一大挑战。

第七章 海河流域经济空间结构与污染减排协同性

第一节 研究对象的选择

北京市、天津市、河北省位于海河流域中下游地区，土地面积大约占到海河整个流域面积的63%，经济总量的80%，工业产出的70%，人口总量的68%，水资源消耗量的85%。此外，根据污染情况评价结果，海河流域上游地区水质较好，重点监测的水污染物排放量也相对较少，污染严重的监测断面主要集中在流域中下游地区，与北京市、天津市、河北省位置高度重合。与此同时，作为海河流域最重要的水系，海河水系的干流和主要支流也都位于北京市、天津市、河北省。因此，北京市、天津市、河北省相关城市之间能否有效地开展协同治污工作对于海河流域水污染治理具有重要意义。基于以上考虑，将河北省11个地级市和北京市、天津市两个直辖市作为研究对象，研究经济空间结构与河流污染减排协同性之间的关系。

此外，在时间维度上将2004~2013年相关数据纳入研究范围，主要基于以下考虑：2004~2013年中国经济大致经历了一个相对完整的经济周期。经过上一轮的调整，中国经济在2003年、2004年前后进入以工业化和城镇化为主要特征的新一轮高速增长，经济增速多年维持在10%以上。2008年下半年开始的全球金融危机是一个重要的转折，虽然经过一系列经济刺激，但中国经济无论是在增长速度上，还是在增长方式上都出现了一定的调整和变化，经济增速也由10%以上逐步回落至6%~7%。因此，对2004~2013年的数据进行考察，基本能够反映在一个相对完整的经济周期内，经济空间结构如何对河流污染治理过程中污染物减排的协同性产生影响，从而保证相关解释能够具有较高的信度。

第二节　指标的选取

一、污染减排协同性的界定

河流污染治理过程中的污染减排协同性具有两重含义：其一，在行动上，上下游地区采取协调一致的治理行为，在研究中往往通过地区间环境治理投资金额等变量的变化予以反映；其二，在效果上，上下游地区的污染物排放量出现方向一致、幅度相近的变化，在研究中往往通过地区间污染物排放量削减情况的变化予以反映。环境污染问题的产生主要是由于人类社会生产活动所引致的，因此，环境污染的治理过程也应该对社会经济等诸多因素进行综合考量，如居民生活方式的改变、地区产业结构的变化、生产技术的进步等。从这个角度而言，河流污染协同治理不仅反映为沿岸地区环境治理投资力度的加大，还应包括基于综合因素所产生的环境治理整体效果，即污染物排量的变化上。因此，本书将地区间污染物排放量能否产生方向一致、幅度相近的变化作为代理变量，反映河流污染协同治理效果。

仅就协同治理的效果而言，又可以划分为"标杆协同"效应和"竞次协同"效应两种形式。如果将经济发达程度高、排污水平低的地区视作其他地区学习的"标杆"，那么高排污地区与"标杆"地区如果能够在污染物减排上出现了方向一致、幅度相近的变化，进而使得整个流域水污染物排放总量得到控制和削减，河流水质状况得到改善，则认为地区间产生了"标杆协同"减排效应。反之，如果低排污地区出现与高排污地区同步、一致的污染物排放水平变化，并由此导致整个流域水环境质量出现恶化，则认为出现了"竞次协同"。

根据海河流域经济空间结构和污染情况的评价结果，北京市不仅经济总量最大，经济发达程度最高，而且单位产出的各种类型污染物排放水平也是最低的。以工业废水排放数据为例，2013年北京市的排放量为9486吨，在所有13个样本城市中排名中游位置，但相对于排名靠后的承德市、廊坊市等城市，其经济体量是不可同日而语的。如果考虑相关城市单位产出的工业废水排放量，则可发现更为明显的差距。如图 7－1 所示，将 2013 年北京市每单位地区生产总值的工业废水排放量设定为 1，通过其他城市与北京市的比较可以发现，单位产出的工业废水排放量都数倍于北京市，甚至有些城市达到了 18 倍以上。此外，在 2004～2013 年的 10 年时间里，北京市在保持地区经济稳定增长的同时，工业废水排放量下降了 28% 左右，在样本城市中也是降幅较大的。综合以上因素，选择北京市作为经济发达程度高、排污水平低的"标杆"城市较为适合。如果其他城市能够在污染物的排放强度上与北京市产生"标杆协同"减排效应，海河流域整体的水环境质量就会得到改善。基于上述分析，重点研究相关城市与北京市之间经济空间结构与污染减排协同性的关系。

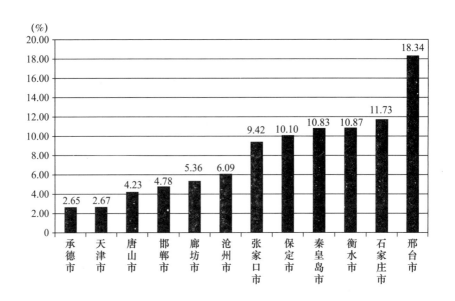

图 7－1　相关城市与北京市的单位产出工业废水排放量对比

资料来源：2015 年《中国城市统计年鉴》，并经作者整理而成。

二、污染物排放指标的选取

一方面，废水是指经过一定技术处理后不能再循环利用或者水质达不到一定标准的水。相对于化学需氧量、氨氮、总磷、总氮等具体水污染物而言，废水是反映水污染物排放的综合性指标，相对更能够反映总体的排污情况。同时，具体的污染物指标容易受到一些特殊因素的影响。例如，在海河流域河流污染情况评价中，挥发酚、氰化物的排放就主要源于个别城市的个别企业。作为综合性指标，废水排放数据相对更具有代表性，在统计上也更为平稳。

另一方面，工业废水排放虽然大约仅占到废水排放总量的40%，但正如在中国废水排放现状研究中所分析的，相对于生活废水而言，工业废水的排放与经济活动的关系更为密切。并且，跨界水污染事件往往也是由于工业污染造成的，其危害和严重程度一般都要超过生活废水排放所产生的影响。因此，河流污染协同治理过程中的减排、限排工作也经常将工业领域作为重点。

综合以上因素，选择工业废水排放量作为污染排放指标，研究相关城市与北京市之间经济空间结构与工业废水"标杆协同"减排协同性之间的关系。

三、具体指标的构建

相关研究共涉及污染减排协同度和经济空间结构两大类指标。其中，污染减排协同度指标为模型的被解释变量，经济空间结构指标为模型的解释变量。

现有研究主要采用相关系数测度经济活动的双边协同性，相关系数越高，经济活动的协同性就越高。但一般的相关系数只能计算截面数据，并不适用于面板数据的研究。此处借鉴 Cerqueira（2009）的方法构造各时期工业废水排放的"标杆协同"度指标 $Corr_{bi,t}$，如式（7-1）所示：

$$Corr_{bi,t} = 1 - \frac{1}{2}\left(\frac{(p_{b,t} - \bar{p}_b)}{\sqrt{\frac{1}{T}\sum_{1}^{T}(p_{b,t} - \bar{p}_b)^2}} - \frac{(p_{i,t} - \bar{p}_i)}{\sqrt{\frac{1}{T}\sum_{1}^{T}(p_{i,t} - \bar{p}_i)^2}} \right)^2 \qquad (7-1)$$

其中，$p_{b,t}$ 表示"标杆"城市北京市在第 t 年工业废水排放量，$\bar{p}_b$ 表示北京市在 2004~2013 年工业废水的平均排放量；$p_{i,t}$ 表示京津冀地区除北京之外剩余 12 个城市在第 t 年工业废水排放量，$\bar{p}_i$ 表示剩余 12 个城市在 2004~2013 年工业废水的平均排放量。

根据定义，经济空间结构主要通过主体构成和经济联结关系构成。其中，主体构成关系通过上下游地区之间的"经济发达程度"和"区位中心性"两个变量予以反映，经济联结关系通过"经济联系紧密性"和"产业互补性"两个变量予以反映。

根据海河流域经济空间结构评价结果，北京市和天津市在海河流域城市中的经济发达程度最高，评级是"A＋"；唐山市排名第三，评级为"A"。因此，在研究相关城市与北京市工业废水"标杆协同"减排效应的过程中，将天津市和唐山市反映经济发达程度的虚拟变量设为1，其他城市的虚拟变量设为0。

根据区位中心性评价结果，天津市和北京市评价结果为"A＋"，是海河流域的中心城市。此外，作为河北省的省会城市，石家庄市的评价结果为"A"，在流域内除天津市和北京市之外综合排名第三。因此，在模型中将天津市和石家庄市反映区位中心性的虚拟变量设为1，其他城市虚拟变量设为0。

对于"经济联系紧密性"指标，仍然沿用在经济空间结构评价中的研究方法，用城市间引力模型 Ties 的计算结果予以反映。为了与模型其他变量相统一，运用标准化方法基于时间维度对引力模型结果进行无量纲处理，以反映相关城市与北京市经济联系的趋势性变化。[①]

正如前文所分析的，对于"产业互补性"现有研究尚无统一公认的测度指标，一般情况下利用产业结构同构程度系数 Isom 进行替代。产业同构系数过高或过低都不利于产业互补性的增加和产业关联度的提升，其与产业互补性之间应该存在着倒"U"型的曲线关系。越接近倒"U"型曲线顶点，地区之间的产业互补性就越强，产业关联度也就越高。因此，选择产业结构同构系数作为代理变量，反映样本城市之间经济的互补性。

第三节　模型的设定

根据研究对象和指标选取的结果，设定以下模型：

模型1如式（7－2）所示：

$$Corr_{bi,t} = \alpha_0 + \alpha_1 Ties^*_{bi,t} + \alpha_2 Isom_{bi,t} + \alpha_3 Isom^2_{bi,t} + \mu_{bi} + \nu_t + \varepsilon_{bi,t} \qquad (7-2)$$

式（7－2）主要考察了"经济联系紧密性"和"产业互补性"两个经济空

---

① 标准化无量纲处理的计算公式为 $Ties^*_{bi,t} = \dfrac{Ties_{bi,t} - \overline{Ties_{bi}}}{S_{bi}}$。其中，$Ties^*_{bi,t}$ 为经过无量纲处理之后的地区经济联系强度，$Ties_{bi,t}$ 为未经无量纲处理的地区经济联系强度（引力模型计算结果），$\overline{Ties_{bi}}$ 为基于时间维度获得的地区经济联系强度平均值，S_{bi} 为未经无量纲处理的地区经济联系强度标准差。

间结构变量对于工业废水"标杆协同"减排效应的影响。其中，α_0 为截距项，α_1、α_2、α_3 为待估参数。$Isom_{bi,t}$ 的二次项主要考察产业同构系数与工业废水"标杆协同"减排效应之间是否存在倒"U"型曲线关系。根据理论推演结果，待估参数预期的符号方向为 $\alpha_1 > 0$，$\alpha_2 > 0$ 和 $\alpha_3 < 0$。μ_{bi} 和 ν_t 分别为地区固定效应和时间固定效应变量，$\varepsilon_{bi,t} \sim N(0, \sigma)$ 为随机误差项。

模型 2 如式（7-3）所示：

$$Corr_{bi,t} = \beta_0 + \beta_1 Ties_{bi,t}^* + \beta_2 Isom_{bi,t} + \beta_3 Isom_{bi,t}^2 + \beta_4 Deve_{bi,t} + \beta_5 Cent_{bi,t} + \mu_{bi} +$$
$$\nu_t + \varepsilon_{bi,t} \tag{7-3}$$

式（7-3）加入了反映"经济发达程度"和"区位中心性"两个虚拟变量 $Deve_{bi,t}$ 和 $Cent_{bi,t}$，综合考虑了海河流域经济空间结构对于工业废水减排"标杆协同"性的影响。根据相关分析结果，预期存在 $\beta_4 > 0$ 和 $\beta_5 > 0$。

模型 3 如式（7-4）所示：

$$Corr_{bi,t} = \gamma_0 + \gamma_1 Ties_{bi,t}^* + \gamma_2 Isom_{bi,t} + \gamma_3 Isom_{bi,t}^2 + \gamma_4 Deve_{bi,t} + \gamma_5 Cent_{bi,t} +$$
$$\sum_{j=1}^{2} \delta_j Control_{bij} + \mu_{bi} + \nu_t + \varepsilon_{bi,t} \tag{7-4}$$

除已定义变量外，式（7-4）中的 $Control_{bij}$ 为模型控制变量，主要由 $Neighbour_{bi}$ 和 $Province_{bi}$ 两个虚拟变量组成，分别反映第 i 个城市与北京市是否存在空间相邻关系，以及是否归属同一个省级行政区划。一方面，由污染带来的外部性影响在空间位置相邻地区的表现往往更为明显。另一方面，由于空间位置较近，污染减排的协同效应在相邻地区也更易发挥。因此，将天津市、承德市、张家口市、保定市、廊坊市 5 个与北京市存在空间位置相邻关系的城市虚拟变量设定为 1，并假设工业废水减排的"标杆协同"性要强于其他城市。也就是说，预期 $Neighbour_{bi}$ 的参数存在 $\delta_1 > 0$。同时，虽然作为水利部的流域派出管理机构，海河水利委员会依法行使水行政管理职责，并具体负责组织编制流域水资源保护规划、拟订跨省江河湖泊的水功能区划、核定水域纳污能力、提出限制排污总量意见等流域水环境保护工作，但在现行行政管理体制下，省级政府在河流污染治理过程中依然发挥着不可替代的重要作用。如重大环境问题的统筹协调和监督管理，污染减排目标的责任，环境污染防治的监督管理，环境保护领域投资方向、规模及项目安排等，这些都是由省级政府及其环境保护部门承担或负责落实的。由于政策具有同一性，处于同一个省级行政区划内的城市在污染减排上可能更容易"步调一致"。因此，将河北省 11 个地级市的虚拟变量设定为 1，并假设河北省所属城市之间与北京市污染减排的同步性要强于天津市。由此，预期 $Province_{bi}$ 的参数存在 $\delta_2 > 0$。

模型4如式（7-5）所示：

$$Corr_{bi,t} = \varphi_0 + \varphi_1 Ties^*_{bi,t} + \varphi_2 Isom_{bi,t} + \varphi_3 Isom^2_{bi,t} + \sum_{l=1}^{4} \gamma_{t-l} Corr_{bi,t-l} +$$
$$\mu_{bi} + \nu_t + \varepsilon_{bi,t} \qquad (7-5)$$

其中，$\sum_{l=1}^{4} \gamma_{t-l} Corr_{bi,t-l}$ 主要是利用动态面板模型考察工业废水"标杆协同"减排效应滞后一期至滞后四期的动态关系。[1] 如果 $\gamma_{t-l} > 0$，说明第 $t-l$ 期工业废水"标杆协同"减排效应能够产生"惯性推力"，即前期"标杆协同"性对当期工业废水的"标杆协同"减排效应具有正向作用；反之，说明第 $t-l$ 期工业废水"标杆协同"减排效应会产生"惯性阻力"，即前期"标杆协同"性会影响到当期协同减排效应的发挥。

第四节　核心变量的描述性分析

一、经济联系紧密性指标的描述性分析

经标准化方法对引力模型结果进行无量纲处理后，反映 2004～2013 年天津市以及河北省 11 个地级市与北京市之间经济联系紧密性指标的描述性统计结果如表 7-1 所示。[2]

表 7-1　经济联系紧密性指标的描述性分析结果

样本城市	最大值	最小值	平均值	标准差	标准离差率
天津市	4.2503	3.6469	3.9865	0.1757	0.0441

---

[1] 模型4本身属于动态面板，由于反映"经济发达程度"的变量 Deve 和"区位中心性"的变量 Cent 均设定为虚拟变量，从而导致对动态面板估计时容易产生"奇异矩阵"（Near Singular Matrix）问题。因此，没有将变量 Deve 和 Cent 纳入模型4。同时，由于模型4更加关心前期"标杆协同"减排效应对于后期减排协同性的影响，因此，即使没有包含变量 Deve 和 Cent 也不会影响到模型4研究目的的实现。

[2] 本章相关数据均源于 2005～2015 年《中国城市统计年鉴》。

续表

样本城市	最大值	最小值	平均值	标准差	标准离差率
石家庄市	0.4629	0.4191	0.4380	0.0155	0.0355
唐山市	1.0511	0.9785	1.0164	0.0217	0.0214
秦皇岛市	0.1309	0.1087	0.1211	0.0076	0.0628
邯郸市	0.1321	0.1196	0.1263	0.0035	0.0279
邢台市	0.1143	0.0971	0.1046	0.0059	0.0563
保定市	1.5626	1.3111	1.3814	0.0723	0.0523
张家口市	0.2506	0.2324	0.2394	0.0048	0.0200
承德市	0.2298	0.2071	0.2194	0.0063	0.0289
沧州市	0.6647	0.5857	0.6264	0.0228	0.0364
廊坊市	3.7570	3.5174	3.5909	0.0646	0.0180
衡水市	0.1735	0.1360	0.1496	0.0136	0.0909

资料来源：作者根据计算结果整理而成。

同为直辖市，天津市是区域内除北京市之外经济体量最大的城市，而且两城市之间的直线距离也仅有 120 公里，因此两个城市之间的经济联系是最紧密的。廊坊市虽然在经济体量上要落后于唐山市、石家庄市，甚至是邯郸市、保定市，但由于其距离北京市距离较近，因此其余北京市之间的经济联系紧密程度仅次于天津市。邯郸市、秦皇岛市、邢台市等城市或由于经济体量较小，或由于空间距离较远，因此与北京市的经济联系紧密程度也相对较低。从反映指标稳定性的标准离差率角度看，廊坊市、张家口市、唐山市、邯郸市等城市与北京市经济联系指标的稳定性较强，衡水市、邢台市等城市不仅与北京市经济联系强度较低，而且波动性也较大。

图 7-2 进一步反映了相关城市与北京市在经济联系强度上的变化趋势。结果反映出天津市、廊坊市与北京市之间的经济联系明显要更加紧密。并且，随着近年来天津市经济总量的不断扩大，其与北京市之间联系的强度相对于其他城市也呈现出较为明显的加强态势。比较而言，海河流域内其他城市与北京市之间经济联系的紧密程度基本保持稳定。

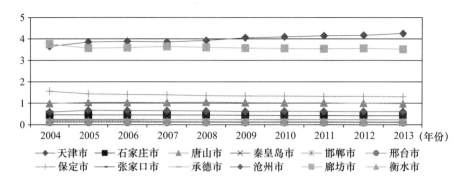

图7-2 经济联系紧密性指标的演进趋势

资料来源：作者根据计算结果整理而成。

二、产业同构程度指标的描述性分析

表7-2反映了2004~2013年相关样本城市与"标杆"城市北京之间产业结构同构程度的描述性统计特征。

表7-2 产业结构同构程度指标的描述性分析结果

样本城市	最大值	最小值	平均值	标准差	标准离差率
天津市	0.9463	0.7834	0.8527	0.0386	0.0453
石家庄市	0.9201	0.8150	0.8420	0.0293	0.0348
唐山市	0.8601	0.6920	0.7411	0.0471	0.0636
秦皇岛市	0.9807	0.8974	0.9284	0.0277	0.0298
邯郸市	0.8969	0.7276	0.7817	0.0508	0.0649
邢台市	0.8055	0.6788	0.7045	0.0350	0.0497
保定市	0.9017	0.7053	0.7759	0.0575	0.0741
张家口市	0.9165	0.8235	0.8566	0.0255	0.0297
承德市	0.8751	0.6519	0.7401	0.0568	0.0768
沧州市	0.8918	0.7666	0.8092	0.0342	0.0423
廊坊市	0.8642	0.7332	0.7636	0.0357	0.0467
衡水市	0.8473	0.6834	0.7445	0.0478	0.0642

资料来源：作者根据计算结果整理而成。

北京市第三产业比重达到了77%左右，第一产业比重不足1%，因此，第三产业占比相对较高的城市与北京市产业结构同构系数的计算结果也相对较高。例如，秦皇岛市第三产业占比接近50%，因此，其与北京市产业结构同构程度的平均值在所有相关城市中是最高的。天津市是较为典型的以先进制造业为主的工业城市，地区经济中第二产业占比达到了50%，因此，其产业结构同构系数平均值的计算结果仅在样本城市中排在第三位。承德市、邢台市这些第三产业相对欠发达且第一产业占比较高的城市，与北京市产业结构同构程度也相对较低。从反映指标稳定性的标准离差率角度看，张家口市、秦皇岛市、石家庄市等城市与北京市之间产业结构同构程度指标的计算结果较为稳定。

图7-3进一步反映了相关城市与北京市之间产业结构同构程度的大体演进趋势。北京市第三产业占比在2004~2013年大约上升了17个百分点，产业结构升级速度非常之快。从图7-3的演进趋势观察，几乎所有样本城市与北京市之间产业结构同构指标均出现了不同程度的下降。这就从侧面证明，除北京市之外海河流域其他主要城市产业结构相对稳定，升级速度也相对较为缓慢。① 因此，北京市与其他城市之间产业结构的差异程度呈现逐步扩大趋势。

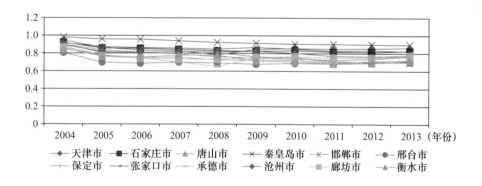

图7-3 产业结构同构程度指标的演进趋势

资料来源：作者根据计算结果整理而成。

---

① 北京市第三产业产值占地区生产总值比重由2004年的60%上升至2013年的76.9%，10年间上升了约17个百分点。同期，天津市和河北省第三产业产值占比仅分别上升了约5个（由43.3%上升至48.1%）和4个百分点（由31.5%上升至35.5%）左右。

三、工业废水排放"标杆协同"度指标的描述性分析

依据式（7-1）可以计算得到 2004～2013 年天津市以及河北省 11 个地级市与北京市的工业废水排放"标杆协同"度指标，表 7-3 描述了相关数据的统计特征。

表 7-3　工业废水排放"标杆协同"度指标的描述性分析结果

样本城市	最大值	最小值	平均值	标准差	标准离差率
天津市	0.9999	-0.2873	0.7664	0.3899	0.5087
石家庄市	0.9939	-0.7178	0.4441	0.5451	1.2275
唐山市	0.9921	-0.3244	0.6516	0.4246	0.6517
秦皇岛市	0.9021	-0.6996	0.3368	0.5410	1.6061
邯郸市	0.9730	-0.4720	0.4186	0.4830	1.1540
邢台市	0.9878	-1.5600	0.0240	0.9647	40.2344
保定市	0.9405	-0.6405	0.4135	0.5723	1.3839
张家口市	0.9974	-0.5140	0.5244	0.5308	1.0123
承德市	0.9456	-0.5227	0.3637	0.4397	1.2087
沧州市	0.9920	-0.5108	0.6270	0.4916	0.7840
廊坊市	0.9990	-0.3059	0.3956	0.5276	0.9990
衡水市	0.9213	-0.8869	0.2801	0.7557	0.9213

资料来源：作者根据计算结果整理而成。

结果显示，共有天津市、石家庄市、唐山市、沧州市、廊坊市 5 个城市曾经与"标杆"城市北京之间出现过协同系数超过 0.99 的情况。这也就意味着在上述年份，这些城市与北京市之间在工业废水减排上出现过方向和幅度几乎完全一致的变化。但与此同时，所有城市与北京市之间也都出现过"标杆协同"减排指标为负值的情况，特别是衡水市、石家庄市、邢台市等城市都曾经出现了指标计算结果接近 -1.0，甚至是超过 -1.0 的情形，结果说明其与北京市在这些年份的工业废水减排是严重逆向而行的。从平均数角度分析，天津市和唐山市两座城市计算得到的"标杆协同"系数最高，说明其在工业废水减排上与北京市的协同度相对较好；秦皇岛市、衡水市、邢台市的"标杆协同"系数最低，意味着其与北京市工业废水减排协同度较差。从标准离差率的角度分析，邢台市的工

业废水减排"标杆协同"度波动最为明显;① 与之对应,天津市和唐山市的波幅则相对较小,与北京市工业废水减排的协同关系也相对稳定。

图7-4则进一步反映了相关城市与北京市工业废水排放"标杆协同"指标的动态变化趋势。明显可见,河北省内的衡水市、邢台市、承德市、保定市、廊坊市等城市在2004年、2008年以及2011年前后均出现过协同系数显著为负的情况。相对而言,其他城市与北京市的协同度相对较好,大多数年份能够与"标杆"城市保持幅度大体相近的变化。即使在一些年份出现过系数为负的情形,幅度也相对有限。

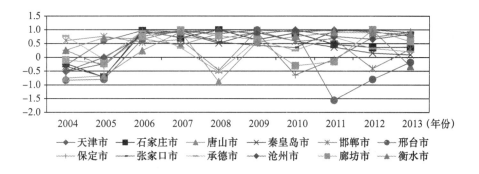

图7-4 工业废水排放"标杆协同"度指标的演进趋势

资料来源:作者根据计算结果整理而成。

第五节 模型的估计

一、经济联系紧密性、互补性与"标杆协同"减排效应的估计

首先考虑经济空间结构中经济联系紧密性和产业互补性两个变量对于"标杆

① 邢台市工业废水排放"标杆协同"系数的平均值和标准离差率之所以显著低于其他城市,主要是在2011年协同系数出现了-1.560的低值所至。

协同"减排效应的影响。在模型 1（7 - 1）中，具体反映为工业废水"标杆协同"减排效应、经济联系紧密程度、产业结构同构程度三者之间的关系。[①] 其中，工业废水排放"标杆协同"度指标为被解释变量，经济联系紧密程度、产业结构同构程度及其二次项为解释变量。

为避免伪回归的发生，首先对三个核心变量进行单位根检验。滞后阶数采用 Schwarz 准则，指标选择 Fisher - ADF、PP、Levin、Hadri 统计量，具体结果如表 7 - 4 所示。结果显示，所有变量均至少能通过 5% 的显著性检验，说明模型的核心变量具有很好的平稳性。继续对相关变量进行 Pedroni 协整关系检验。Panel PP 统计量和 Panel ADF 统计量分别为 - 4.195 和 - 3.739，Group PP 统计量和 Group ADF 统计量分别为 - 7.346 和 - 5.801，均能够在 1% 的水平上通过显著性检验。Kao 协整检验的结果为 - 2.152，能够在 5% 的水平上通过显著性检验。以上结果说明，模型 1 的变量之间具有长期而稳定的协整关系，不会出现伪回归现象。

表 7 - 4　核心变量的单位根检验[②]

变量名称	Fisher - ADF 统计量	PP 统计量	Levin 统计量	Hadri 统计量
$Corr$	- 5.584 ***	- 6.024 ***	- 12.967 ***	3.846 ***
$Ties^*$	- 1.969 **	- 2.590 ***	- 5.602 ***	6.885 ***
$Isom$	- 5.631 ***	- 8.546 ***	- 9.827 ***	5.608 ***

资料来源：作者根据计算结果整理而成。

在估计过程中，首先检验模型 1 是否具有内生性，以防止出现估计结果的有偏和不一致。以工业废水排放"标杆协同"度指标 $Corr$ 为被解释变量，分别以经济联系强度 $Ties^*$ 和产业结构同构程度 $Isom$ 为被解释变量进行 Hausman 检验。经检验，结果分别为 $p = 0.8801$ 和 $p = 0.2228$，说明能够接受原假设，即所有解释变量均为外生变量，模型 1 不存在内生性问题。在此基础上采用 OLS 方法对模型 1 进行估计，结果显示 DW 统计量为 1.33，White 统计量为 6.37（$\chi^2_{0.05}(2) = 5.99 < nR^2 = 6.37$），说明模型存在一定的序列一阶正相关性和异方差性，继续运用 OLS 方法估计可能会导致结果不再有效。其原因可能与宏观经济波动、节能减排政策等不易观测因素给被解释变量 $Corr$ 造成的同期相关性影响有关。因此，选

---

① 此处再次重申的是，通过前文分析可知，由于在对应关系上存在倒"U"型曲线关系，可以通过产业同构程度间接反映经济互补性。

② 表中 *、**、*** 分别表示能够通过 10%、5%、1% 的显著性检验，本章以下皆同此表示。

择似不相关估计改进模型的估计效率。由于截面项超过时期项，最终选择时期似不相关估计（Period SUR）对模型进行回归。

表7-5反映了相关城市与北京市经济联系强度、产业同构程度两个核心变量对于"标杆协同"减排效应的影响。R^2 拟合优度和 F 统计量的结果显示模型获得了较好的拟合，DW 统计量结果也说明 OLS 估计中存在的序列相关性也得到较好的修正。由此证明选择时期似不相关估计确实改进了模型估计的有效性。

表7-5　经济空间结构与"标杆协同"减排效应关系的回归结果（模型1）

解释变量	估计值	$t - statistic$
常数项	-8.997	-4.713 *** （0.000）
$Ties^*$	0.044	4.916 *** （0.000）
$Isom$	23.661	5.078 *** （0.000）
$Isom^2$	-14.751	-5.224 *** （0.000）
R^2	0.659	
$Adjusted - R^2$	0.607	
DW	2.04	
$F - statistic$	78.635	

资料来源：作者根据计算结果整理而成。

回归结果显示，经济联系强度对于工业废水"标杆协同"减排效应在1%的水平上具有正向促进作用。天津市以及河北省11个地级市与北京市的经济联系强度每提升1%，工业废水减排的协同度将提升4.4个百分点左右。此外，产业同构系数 $Isom$ 的一次项为正，二次项为负。由此，在理论假定中产业同构程度与工业废水"标杆协同"减排效应之间存在的倒"U"型曲线关系也得到了验证。也就是说，产业结构的过度同质或异化都无助于地区间工业废水"标杆协同"减排效应的发挥。通过计算发现，倒"U"型曲线的拐点在0.8左右实现。这意味着与北京市产业同构系数维持在0.8左右水平时，相关城市与北京市的产业互补性最强，"标杆协同"减排效应表现得应该最为明显。

图7-5进一步反映了2013年相关城市与北京市产业同构系数的分布情况。结果显示，共有4个城市与北京市的产业同构系数超过了0.8，另8个城市低于0.8。廊坊市、沧州市、张家口市、石家庄市等城市与北京市的产业互补性较强，对于工业废水的协同治理具有正面的促进作用。

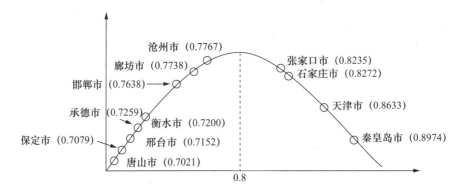

图7-5 2013年相关城市与北京市产业同构系数分布

资料来源：作者根据计算结果整理而成。

综合上述分析，如果能够与"标杆"城市北京之间保持紧密的经济联系和适度的产业同构关系，就可以在海河流域相关城市之间产生较为显著的工业废水"标杆协同"减排效应。实证结果恰恰证明了海河流域相关城市的经济联系强度、产业互补性与河流污染协同治理三者之间存在正向关系。因此从经济空间结构角度上讲，增强地区之间的经济联系，进行合理的产业布局，形成优势互补的产业结构关系是产生"标杆协同"减排效应，进而实现河流污染协同治理的关键。

二、加入经济发达程度和区位中心性变量的再估计

在模型1的基础上，加入经济发达程度和区位中心性两个反映主体构成的虚拟变量，利用模型2对海河流域经济空间结构与工业废水"标杆协同"减排效应进行再次估计。根据前文分析，将天津市和唐山市设定为除北京市之外海河流域的经济发达城市，天津市和石家庄市设定为中心城市。具体回归结果如表7-6所示。

表7-6 经济空间结构与"标杆协同"减排效应关系的回归结果（模型2）

解释变量	估计值	$t-statistic$（$prob.$）
常数项	-9.528	-9.847 *** （0.000）

续表

解释变量	估计值	$t-statistic$（prob.）
$Ties^*$	0.017	2.500^{**}（0.014）
$Isom$	25.478	-11.153^{***}（0.000）
$Isom^2$	-16.195	-5.224^{***}（0.000）
$Deve$	0.259	10.751^{***}（0.000）
$Cent$	0.213	8.502^{***}（0.000）
R^2	0.809	
$Adjusted-R^2$	0.801	
DW	1.99	
$F-statistic$	96.851	

资料来源：作者根据计算结果整理而成。

　　结果显示，加入经济发达程度和区位中心性两个变量之后，模型 1 中存在的经济联系强度与工业废水"标杆协同"减排效应之间的正向相关关系依然存在，产业同构程度与"标杆协同"减排效应之间的倒"U"型关系也依然显著，这在一定程度上证明了模型 1 的回归结果具有稳定性。此外，模型 2 的回归结果显示，反映经济发达程度的指标 $Deve$ 以及反映区位中心性的指标 $Cent$ 均能够在 1% 的显著性水平上对工业废水的"标杆协同"减排效应产生正向影响。这就意味着河流污染的协同治理更易于在经济发达地区之间以及区位中心城市之间达成。

　　综合模型 1 和模型 2 的回归结果，本书在前文理论模型以及仿真模拟部分证明的经济空间结构与河流污染协同治理之间关系的相关结论，在实证层面也基本得到了证明：从主体构成角度看，地区间经济发达程度越高，区位中心性越强，河流污染的协同治理就越易于达成；从联结关系角度看，地区间经济联系越紧密，互补性越强，河流污染的协同治理也就越易于达成。反之亦然。

三、加入控制变量的再估计

　　在模型 2 的基础上，继续加入控制变量 $Neighbour_{bi}$ 和 $Province_{bi}$，以实证检验空间位置相邻的城市和归属于同一省份的城市会对河流污染协同治理效果产生何种影响，具体的回归结果如表 7-7 所示。

表7-7 考虑控制变量之后的回归结果（模型3）

解释变量	估计值	$t - statistic$（prob.）
常数项	-9.929	-9.258 *** （0.000）
Ties*	0.018	2.194 ** （0.016）
Isom	25.763	9.780 *** （0.000）
$Isom^2$	-16.254	-10.137 *** （0.000）
Deve	0.311	10.656 *** （0.000）
Cent	0.261	8.466 *** （0.000）
Neighbour	-0.008	-0.366 （0.715）
Province	0.193	3.428 *** （0.000）
R^2	0.836	
$Adjusted - R^2$	0.826	
DW	2.07	
$F - statistic$	81.432	

资料来源：作者根据计算结果整理而成。

加入控制变量之后，回归结果显示原有模型依然保持了良好的稳定性，在模型2中业已证明了的经济空间结构与河流污染协同治理之间的关系依然成立。此外，根据模型3的回归结果，在空间上相邻的城市之间并没有表现出更为显著的工业废水"标杆协同"减排效应。这一点也可以从样本城市之间空间相关性检验得以证明。

表7-8反映了2004~2013年样本城市之间工业废水排放的空间相关系数。显著性检验结果显示，所有观测年份的Moran指数均不具有显著性，该结论可与模型3的回归结果进行相互印证。此外，模型3的回归结果还显示，河北省11个地级市之间的工业废水"标杆协同"减排更为同步，间接证明了省级行政机构在中国河流污染治理过程中具有相对更强的行政能力，并导致其在污染减排和环境治理过程中更易于步调一致，协调行动。

表7-8 海河流域主要城市工业废水排放空间相关性进行检验结果

年份 指标	2004	2005	2006	2007	2008	2009	2010	2011	2012	2013
Moran's I	-0.123	-0.08	-0.136	-0.12	-0.109	-0.146	-0.172	-0.055	-0.068	-0.014

年份 指标	2004	2005	2006	2007	2008	2009	2010	2011	2012	2013
$t-statistic$	-0.243	0.019	-0.323	-0.229	-0.165	-0.38	-0.526	0.177	0.101	0.460
$p-value$	0.808	0.985	0.747	0.819	0.869	0.704	0.599	0.177	0.920	0.646

资料来源：作者根据计算结果整理而成。

四、"标杆协同"减排效应的滞后影响

模型1至模型3主要运用静态面板考察了海河流域主要城市经济空间结构与工业废水"标杆协同"减排效应之间的关系。在此基础上运用模型4引入被解释变量的滞后期，研究"标杆协同"减排效应自身的动态变化及其影响。

在模型4中，由于解释变量包含了被解释变量的滞后项，因此属于动态面板模型。在动态面板中，由于将被解释变量的滞后项作为解释变量，从而有可能导致解释变量与随机误差项具有相关性。为了解决上述问题，Anderson和Hsiao（1981）、Arellano和Bond（1981）等学者提出可利用广义矩阵估计（GMM）避免普通面板估计方法中对于随机扰动项分布已知的严苛假定，进而保证参数估计的无偏和一致。GMM估计是基于模型实际参数满足一定矩条件而形成的一种参数估计方法，它并不需要已知误差项的分布类型，并允许误差项中存在异方差和序列相关性。因此，只要模型设定正确，总能找到该模型实际参数满足的若干矩条件。

GMM估计又可分为差分GMM和系统GMM。其中，差分GMM是对原方程作差分，使用变量的滞后阶作为工具变量。[①] 系统GMM拓展了差分GMM，其将水平回归方程和差分回归方程结合起来进行估计。因此，系统GMM的工具变量不仅包括了原有的滞后差分项，还包括滞后水平项。虽然系统GMM能够较好地解决差分GMM面临的弱工具变量问题，但如果使用较少的工具变量，差分GMM估计的有效性较高（Blundell，1998）。为避免出现弱工具变量等问题，分别选择Hansen统计量和Arellano－Bond统计量对动态面板工具变量有效性和扰动项自相

---

① 一般选用滞后二阶作为工具变量，因为滞后二阶与滞后一阶相关，而与随机误差项不相关。

关性进行检验。结果显示，滞后一期动态面板模型的 Hansen 统计量为 41.11（$p = 0.442$），Arellano – Bond 统计量 AR（2）为 -1.58（$p = 0.115$），均至少能在 10% 的水平上接受原假设，从而证明了证明差分 GMM 可以保证工具变量的有效性及扰动项无自相关。

此外，考虑研究对象的样本个体没有数据缺失，属于平衡面板，选择一阶差分法消除模型的固定效应。为保证与静态面板估计结果的可比性，仍选择 Period SUR 方法进行加权估计。根据式（7 – 5）分别计算得到工业废水"标杆协同"减排效应滞后一期至滞后四期的动态变化，具体回归结果如表 7 – 9 所示。

表 7 – 9 "标杆协同"减排的滞后效应

解释变量	滞后一期		滞后二期		滞后三期		滞后四期	
	估计值	$t – statistic$（prob.）	估计值	$t – statistic$（prob.）	估计值	$t – statistic$（prob.）	估计值	$t – statistic$（prob.）
$Corr$（-1）	-0.126	-1.365（0.176）	-0.166	-1.723（0.176）	-0.210	-2.000 **（0.050）	-0.211	-1.629（0.110）
$Corr$（-2）			-0.105	-1.267 *（0.094）	-0.277	-2.842 ***（0.006）	-0.310	-2.558 **（0.014）
$Corr$（-3）					-0.419	-4.047 ***（0.000）	-0.505	-3.601 ***（0.001）
$Corr$（-4）							-0.201	-1.413 ***（0.164）
$Ties$ *	2.630	1.693 *（0.094）	2.418	1.753 *（0.089）	4.827	2.036 **（0.046）	4.512	2.032 **（0.048）
$Isom$	92.269	2.676 ***（0.009）	81.131	2.159 **（0.034）	122.218	2.163 **（0.035）	113.455	1.814 *（0.076）
$Isom^2$	-63.583	-2.679 ***（0.009）	-56.345	-2.171 **（0.033）	-87.294	-2.244 **（0.029）	-83.080	-1.937 *（0.059）
$J – Statistic$	38.594		37.308		32.504		30.447	

资料来源：作者根据计算结果整理而成。

回归结果显示，无论滞后期数如何选择，工业废水"标杆协同"减排效应与经济联系强度之间存在的正向关系，与产业同构程度之间存在倒"U"型曲线关系依然成立，由此有力地证明了相关结论的稳定性。① 对于工业废水"标杆协同"减排效应的滞后影响而言，所有 γ_{t-l} 的估计结果均为负值。结果说明，"标杆协同"减排效应自身存在"惯性阻力"。"惯性阻力"的存在与经济学基本规律是相互吻合的。无论是进行商品消费，还是进行生产活动，乃至实施一项制度或政策，其自身的效用或产出都存在着边际递减的变化规律。因此也就很好解释，在边际递减规律的作用下，"标杆协同"减排效应自身基于"惯性"所产生的协同减排效果也是逐步下降的。图 7 - 6 进一步反映了滞后二期至滞后四期"标杆协同"减排自身存在的"惯性阻力"的强度。经分析可以发现，"惯性阻力"在滞后三期时强度达到高峰，而滞后一期其影响往往是不显著的。上述结果表明，前期"标杆协同"减排效应对于后期协同度的负向影响往往要滞后一段时期之后才会显现。

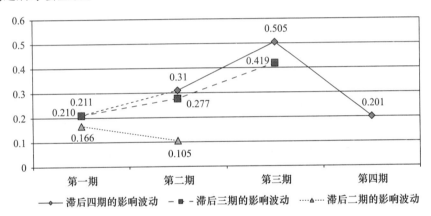

图 7 - 6　"标杆协同"减排效应"惯性阻力"影响强度②

资料来源：作者根据计算结果整理而成。

"惯性阻力"的存在意味着区际间"标杆协同"减排效应并不会自动实现，必须不断加以必要的外力推动才能够使海河流域主要城市间"标杆协同"减排效应得以维持。或者说，河流污染协同治理需要不断施之以外力加以维持，否则协同效应自身会随着时间的推移呈现出递减的变化。

---

① 虽然回归结果得到的参数估计值产生了比较大的变化，但研究的重点在于工业废水"标杆协同"减排效应、经济联系强度和产业同构程度三者之间的作用方向，而不在于经过指标处理后的作用幅度大小。因此，参数估计值的变化并不影响估计结果的稳定性。

② 图中的斜体数字表示当期工业废水"标杆协同"减排效应的滞后影响不显著。

第六节　实证研究的现实意义

海河流域主要城市之间经济空间结构与工业废水"标杆协同"减排效应的实证研究结果，实际上为河流污染的协同治理提供了一个新的路径。

传统观念认为，环境污染的跨区域治理主要依赖于两条路径：其一，通过制定严格的排污限额，"关停并转"高排污企业，对超标排污企业进行经济处罚，对污染严重地区领导进行追责为主的指令控制型规制；其二，通过开展排污权交易，进行跨区域生态补偿为主的市场激励型规制。海河流域主要城市间经济空间结构与污染减排协同效应的实证结果表明，增强与"标杆地区"的经济联系强度，形成与"标杆地区"的经济互补和产业对接，这些都有利于在污染物排放水平上达成与"标杆地区"方向一致、幅度相近的变化。由于"标杆地区"往往污染物排放强度是逐年下降的，同时环境资源利用效率是逐年提升的，那么如果能够在其他城市与"标杆地区"之间形成协同减排效应，则可以达成整个流域污染物排放水平的下降。此时，由于外部性导致的河流污染协同治理难题亦可以迎刃而解，整个河流的水质状况将得以改善。[①] 同时，需要注意的是，由于协同效应本身"惯性阻力"的存在，需要不断地施加以政策外力对冲"惯性阻力"的影响，以使"标杆协同"效应等能够得以延续和保持。

2014年2月，习近平总书记在北京主持召开座谈会，专题听取京津冀协同发展工作汇报时强调，"京津冀协同发展意义重大，对这个问题的认识要上升到国家战略层面"。2015年3月，中央财经领导小组第九次会议审议研究了《京津冀协同发展规划纲要》（以下简称《纲要》）。同年4月，中央政治局召开会议，审议通过了《纲要》。《纲要》提出，京津冀地区要"立足各自比较优势、立足现代产业分工要求、立足区域优势互补原则、立足合作共赢理念，以资源环境承载能力为基础、以京津冀城市群建设为载体、以优化区域分工和产业布局为重点、以资源要素空间统筹规划利用为主线、以构建长效体制机制为抓手，着力调整优

---

① 实际上，上述结论很容易给予一个理论上的解释：随着经济联系强度的增加和互补性的增强，地区间经济行为的外部性将随着"利益共同体"的形成而逐步减弱乃至消失，由此，河流污染的协同治理也就更易于达成。

化经济结构和空间结构、着力构建现代化交通网络系统、着力扩大环境容量生态空间、着力推进产业升级转移、着力推动公共服务共建共享、着力加快市场一体化进程，加快打造现代化新型首都圈，努力形成京津冀目标同向、措施一体、优势互补、互利共赢的协同发展新格局"。"优势互补，一体发展"是京津冀协同发展最为基本的原则。随着协同发展政策逐步出台，政策效果逐步显现，京津冀地区间经济发展差距势必将逐步缩小，产业互补性也势必将逐步增强，这些都有利于河流污染治理协同性的增强。这就意味着海河流域河流水质状况可能随着"京津冀协同发展战略"的实施逐步得到改善，上述结论至少在理论和实证两个层面都已经给予了较为充分的证明。

第八章 海河流域经济空间结构与环境规制政策有效性

第一节 环境规制政策

在理论层面，环境规制大体有庇古税（增加排污企业的私人成本）和明确产权（科斯理论）两大路径解决污染行为的负外部性问题。在实践层面，又大体引申出指令控制型（Command – and – Control）和市场激励型（Market Incentive）两大环境规制政策，并在此基础上衍生出法律追责、市场准入、排污税（费）、押金—退款制度、排污许可证、排污权交易等一系列具体的环境规制工具。

一、法律追责

一种说法认为，最早通过立法形式对环境进行保护的法律条文见于中国秦代的《田律》。欧洲也有 13 世纪对环境污染者实施鞭挞惩罚的文献记载。近现代明确环境污染者需要对其行为承担法律责任的立法最早见于 19 世纪末和 20 世纪初。例如，1896 年日本颁布的《河川法》就明确了河流污染问题属于"公害"，污染者需要承担相应的法律责任。20 世纪 60 年代之后，由于环境污染治理问题越来越受到重视，各国开始较为普遍地通过立法形式进一步明确实施污染行为应承担的法律责任。例如，日本 1970 年颁布的《公害犯罪处罚法》规定，"因企业污染排放导致人的健康及生命受到危害的，处 3 年以上监禁"。1972 年美国国会在对《联邦水污染控制法》修订的基础上颁布了《清洁水法》，其修正案第

311 节第 7 条规定，"对违禁排放者处一年以下监禁或者罚金，亦可两者兼有"。1976 年美国《物质回收法》明确，"故意运输、处理、贮存、处置或者出口危险废弃物，并且同时知道其行为使他人陷于死亡或者严重身体伤害之中的，在定罪的基础上，应处以 2.5 万美元以下罚金或者 5 年以下监禁，或者并处惩罚"。联邦德国于 1980 年通过了《刑法修正案》，开创性地在刑法典中以专章（第 28 章"污染环境犯罪"）形式系统地规定了环境污染犯罪及其刑罚，为刑法典体系的协调与完善提供例证。1989 年，澳大利亚新南威尔士州通过了《环境犯罪与惩治法》，以州级刑事立法的形式开创了环境刑事立法的新体例。如此等等。

二、环境标准与市场准入

市场准入主要是通过立法形式限定不符合环境标准的生产者进入市场的一种环境规制，并具体表现为技术规制、产量规制等具体形式。通过技术规制对市场准入进行限制以符合环境标准的规定，最早见于英国 1956 年通过的《清洁空气法》，其中规定"企业产品及其生产过程需要符合当地环境标准，并具有技术上的可行性"。美国的《清洁空气法》要求美国国家环境保护署每 5 年就要对颗粒物、O_3 等主要空气污染物的市场准入标准进行一次复审。1997 年，美国国家环境保护署根据《清洁空气法》重新编制了空气质量标准，对 SO_2、PM10、PM2.5、NO_2 等污染物给出控制限值，不符合标准生产企业将被实施市场禁入或给予停产处理。欧洲国家也通过《综合污染与预防控制指令》《大型焚烧厂某些大气污染排放限制指令》《水框架指令》《SO_2、NO_2、NO_X、颗粒物和 Pb 在环境空气中的限值指令》等法律法规设定排污标准，对相关主体的市场进入和生产行为进行规制。

三、排污税（费）

20 世纪 20 年代，英国著名经济学家庇古在其外部性理论中首次提出通过开征排污税的方式来解决环境污染的外部性问题。能够查阅到的最早开征排污税的国家是荷兰。1969 年，荷兰就开征了"地表水污染税"。其中规定，污染全国性水系的缴中央税，污染非全国性水系的缴地方税，税率取决于排放废水的数量、性质、污染物质和有毒物质含量以及污水排放的方式。荷兰于 1970 年颁布的

《地表水防治法》进一步明确，地表水污染税是政府对向地表水及水净化厂直接或间接排放废弃物、污染物和有毒物质的任何单位与个人征收的一种税，纳税人是直接或间接向地表水及水净化厂排放污染物的单位和个人，税率取决于排放废水的性质、数量、污染物质的耗氧量、有毒物质和重金属的含量以及污水的排放方式。此后，联邦德国政府于1976年颁布了《污水排放法》，规定从1981年开始每个向水体排放污水的单位都必须缴纳排污费。此外，挪威为了鼓励企业重复利用饮料容器和生产简易轻巧的容器，于1974年开始对生产不可再利用容器的企业征收税费。芬兰于1990年首先开征了碳税，美国在1990年修订的《清洁空气法》中也开始涉及对二氧化硫排放进行征税。

四、押金—退款制度

押金—退款制度主要是用来激励对可能污染环境的固体废物进行循环利用的环境规制工具。最早确立环境押金—退款制度的是美国。1971年，美国俄勒冈州第一个通过了《环境强制押金法案》，通过立法形式对押金—退款制度的实施进行了具体的制度安排。1975年，南澳大利亚地区实施了《饮料容器法案》，首次推进了押金—退款制度在澳大利亚的实施。此后，瑞典、德国、日本等主要国家也都分别于20世纪八九十年代陆续实行了押金—退款制度。

五、排污权许可证与排污权交易

从某种意义上讲，排污权许可证制度是一种变相的产权关系的界定，是依据科斯定理通过明确产权解决环境污染问题的前提和基础。排污权交易是在界定排污权的基础上，通过市场化手段对有限产权进行重新配置，以达到控制污染物排放，增加相关企业福利的一种重要规制工具。排污权交易最早由Dales（1968）在《污染、财富和价格》一文中提出。20世纪70年代末，美国环保局在颁发个体排污权许可证的基础上开始推行排污权交易计划。1982年美国形成了排污交易政策雏形。1986年11月，美国环保局的排污权交易政策最终报告书被正式签发，并于1988年12月4日正式生效实施。1990年，美国《清洁空气法案》修正案认可了排污权交易制度，并对排污权交易的实施做了具体的规定。实际上，近年来以控制温室气体排放为最终目标进行的《京都议定书》《巴黎协定》等气候变化谈判及其碳减排协议，都是基于总量控制原则对碳排放权在国家间开展产权界定的尝试，也是为建立全球性碳排放权交易市场而进行的一项极为重要的基础性工作。

图8-1反映了几种主要的环境规制政策工具之间的相互关系。从时间维度上看，环境规制最早以法律追责形式为主，其后环境标准与市场准入、征收排污税（费）、押金—退款制度、排污许可证与排污权交易工具相继被引入和采用；从规制手段上看，最初的环境规制仅限于简单的指令控制型规制，其后市场激励型规制政策被广泛采用，现阶段基本形成指令控制与市场激励相互结合的全方位环境规制格局；从具体规制手段之间的主辅关系上看，法律追责、环境标准、征收排污税（费）、排污权交易是四大基本规制政策，并在此基础上衍生出企业市场准入限制、押金—退款制度、排污权许可证等多种具体规制形式。

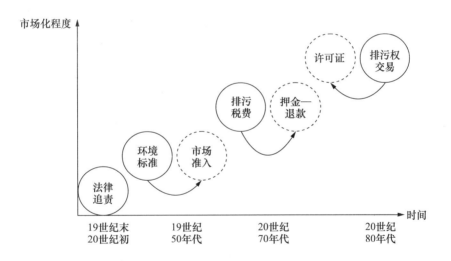

图8-1　主要环境规制工具及相互间关系

第二节　中国水环境规制政策的演进

中国河流污染的专门性规制政策多见于流域性和地方性的法律、法规及部门规章。具体到海河流域，如早在 1981 年 3 月 4 日天津市政府就颁布了《天津市境内海河水系水源保护暂行条例》，2004 年 9 月又颁布了《天津市人民政府关于加强海河环境管理的通告》；北京市政府于 2012 年 7 月颁布、10 月 1 日正式施行了《北京市河湖管理条例》；水利部海河水利委员会于 2012 年 12 月印发了《海河流域取水许可实施细则》等。

在国家层面，河流污染规制大多包含于水环境规制政策中，较少见专门针对河流污染进行规制的法律法规。因此，通过梳理中国水环境规制政策的演进过程，大致可探究出河流污染规制政策变化的端倪。如图 8－2 所示，以《中华人民共和国水污染防治法》（以下简称《水污染防治法》）的颁布实施、修正及修订为主线，中国水环境规制大致经历四个阶段，并表现出在指令控制型规制基础上不断强化市场激励型规制的基本特征。

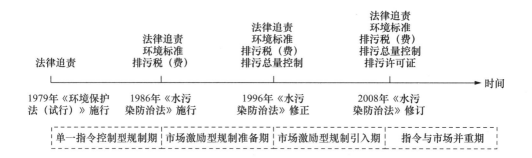

图 8－2　中国水环境规制的阶段划分

一、单一指令控制型规制时期

从中国改革开放开始，环境污染及其规制问题已经被国家相关部门高度重视。五届全国人大常委会第十一次会议于 1979 年 9 月 13 日原则通过了《中华人民共和国环境保护法（试行）》。在其第三章"防治污染和其他公害"中明确规定，"禁止向一切水域倾倒垃圾、废渣，排放污水必须符合国家规定的标准"；在第六章"奖励和惩罚"规定，对包括水环境在内的污染行为"予以批评、警告、罚款，或者责令赔偿损失、停产治理"，情节严重的要"追究行政责任、经济责任，直至依法追究刑事责任"。由此可见，1979 年最初的水环境规制主要采用的是以法律追责工具为主的指令控制型规制。

1984 年 5 月，六届全国人大常委会第五次会议通过了《中华人民共和国水污染防治法》（以下简称《水污染防治法》），标志着在国家立法层面水环境规制专门性法律的诞生。其中，除单独设立第六章"法律责任"继续对水污染行为主体进行罚款、停业或关闭、承担刑事责任等法律追责之外，还涉及环境标准、排污费征收等其他环境规制工具的运用。例如，在第二章"水环境质量标准和污染物排放标准的制定"中，明确了水环境质量标准和污染物排放标准制定的主体，并通过建立环境影响评价制度对高污染企业的市场进入进行限制；在第三章"水污染防治的监督管理"中则首次明确"企业事业单位向水体排放污染物的，应按照国家规定缴纳排污费；超过国家或者地方规定的污染物排放标准的，按照国家规定缴纳超标准排污费"等。但总体而言，1984 年的《水污染防治法》仍然侧重通过指令控制型规制政策达成水环境保护目标。

二、市场激励型规制准备时期

1989 年 12 月颁布施行的《中华人民共和国环境保护法》（以下简称《环境保护法》）基本上沿用了原有包含法律罪责、环境标准与市场准入、排污税（费）在内的以指令控制为主的环境规制政策。但从 20 世纪 80 年代末期开始，市场激励型规制政策开始逐步引入。1988 年，包括北京、上海在内的 18 个大中城市开展了水污染物排放许可证的试点工作。20 世纪 90 年代初，贵阳、太原、包头、柳州、平顶山、开远 6 个城市率先开始尝试二氧化硫排污权交易试点工作。1996 年，国务院批复了当时环保总局报送的《"九五"期间全国主要污染物排放总量控制计划》，指出要因地制宜地确定总量指标，按时公布进度情况。污染物排放总量控制制度的出台实际上间接承认了排污权的有限性和稀缺性，为中国排污权交易在更大范围内展开奠定了基础。

在此基础上，1996 年 5 月第八届全国人大常委会第十九次会议通过了《全国人大常委会关于修改〈中华人民共和国水污染防治法〉的决定》，明确规定，"省级以上人民政府对实现水污染物达标排放仍不能达到国家规定的水环境质量标准的水体，可以实施重点污染物排放的总量控制制度，并对有排污量削减任务的企业实施该重点污染物排放量的核定制度"。其中虽未直接提及利用排污权交易等市场激励型政策对水环境开展规制，但随着污染物排放总量控制等相关制度的出台，市场激励型规制政策深入实施的基础已经初步具备。

三、市场激励型规制引入时期

进入 21 世纪之后，运用市场化工具展开环境规制的步伐明显加快。2002 年，国家环保总局开始推动"中国二氧化硫排放总量制及排污权交易政策实施的研究项目"，在山东省、山西省、江苏省、河南省、上海市、天津市等省市开展二氧化硫排污权交易试点。同年，中国首笔水排污权交易在江苏南通泰尔特染整有限公司和如皋亚点毛巾织染有限公司进行。2004 年，国家环保总局颁布《关于开展排污许可证试点工作的通知》，率先在唐山、沈阳、杭州、武汉、深圳和银川等城市开展排污许可证试点工作。此后，中国将全面推行排污许可证制度作为深化污染防治工作的重要手段，逐步使排污许可证成为反映企业环境责、权、利关系的法律文书和凭证，实际上间接界定了排污权的产权归属。2007 年，中国首个排污权交易中心在浙江省嘉兴市成立。同年，太湖流域实施了主要水污染物排污权有偿使用试点，并在无锡、常州、苏州等城市的相关企业之间开展化学需氧量的排污权交易，一年之后将交易对象扩大到氨氮和总磷两项指标上。

水排污权许可证制度实践层面的实施和排污权交易的开展为在制度层面正式引入市场激励型规制政策奠定了基础。第十届全国人大常委会第三十二次会议于 2008 年 2 月 28 日通过了修订的《水污染防治法》，该法于同年 6 月 1 日起正式施行。其中，第二十条对排污权许可证制度做出了具体的规定，并明确了排污许可证的取得是企业进行污染物排放的必要条件，具体规定如下："直接或者间接向水体排放工业废水和医疗污水以及其他按照规定应当取得排污许可证方可排放的废水、污水的企业事业单位，应当取得排污许可证；城镇污水集中处理设施的运营单位，也应当取得排污许可证"，"禁止企业事业单位无排污许可证或者违反排污许可证的规定向水体排放前款规定的废水、污水"。与之相对应，从 2008 年开始水排污权交易在 11 个省市陆续展开。按照省级排污权交易中心（所）成立的时间先后，开展排污权交易试点的省市包括 2008 年的江苏、天津，2009 年的浙江、重庆、河北、河南，2010 年的河北、陕西、湖南以及 2011 年的山西和内蒙古。至此，排污权交易制度被作为重要的市场激励型政策在水环境规制中被广泛引入和采用。

四、指令控制与市场激励并重时期

2008 年新修订的《水污染防治法》的颁布和实施基本上奠定了水环境指令控制型规制和市场激励型规制的制度基础。此后，主要是在规制政策的具体实施细则和实施力度上不断地进行完善和强化。

2012 年 1 月，国务院办公厅印发了《关于实行最严格水资源管理制度的意见》，确立水功能区限制"纳污红线"，明确"到 2030 年主要污染物入河湖总量控制在水功能区纳污能力范围之内，水功能区水质达标率提高到 95% 以上"。同时，明确"要将水资源开发、利用、节约和保护的主要指标纳入地方经济社会发展综合评价体系，县级以上地方人民政府主要负责人对本行政区域水资源管理和保护工作负总责"。2013 年 1 月，《实行最严格水资源管理制度考核办法的通知》印发，将"纳污红线"指标在省际间进行了明确划分。《关于实行最严格水资源管理制度的意见》和《实行最严格水资源管理制度考核办法的通知》在原有追究污染主体法律责任的基础上，将水环境保护与地方政府主体责任和绩效考核相挂钩，是指令控制型规制政策的延续和拓展。

与之对应，2014 年 8 月国务院办公厅印发了《关于进一步推进排污权有偿使用和交易试点工作的指导意见》（以下简称《指导意见》），再次明确以法规的形式推进市场激励规制在实践层面开展。《指导意见》强调"建立排污权有偿使用和交易制度，是我国环境资源领域一项重大的、基础性的机制创新和制度改革，是生态文明制度建设的重要内容"，同时从严格落实污染物总量控制制度、合理核定排污权、实行排污权有偿取得、规范排污权出让方式、加强排污权出让收入管理五个方面对建立排污权有偿使用制度做出具体安排，并着重从规范交易行为、控制交易范围、激活交易市场、加强交易管理四个方面对排污权交易进行推进。

2015 年中央政治局常务委员会会议审议通过了《水污染防治行动计划》（以下简称"水十条"），并于同年 4 月 16 日正式发布。"水十条"从指令控制与市场激励两个方面对水环境规制做出全方位制度安排。在行政措施方面，明确"2016 年底前，按照水污染防治法律法规要求，全部取缔不符合国家产业政策的小型造纸、制革、印染、染料、炼焦、炼硫、炼砷、炼油、电镀、农药等严重污染水环境的生产项目"；在法律追责方面，强调"严格目标任务考核"，"强化地方政府水环境保护责任"和"落实排污单位主体责任",进一步严格了问责制;在环境标准与市场准入方面,提出"根据流域水质目标和主体功能区规划要求,明确区域环境准入条件,细化功能分区,实施差别化环境准入政策";在排污税(费)征收方面,提出"修订城镇污水处理费、排污费、水资源费征收管理办法,合理提高征收标准,做到应收尽收",同时还要"依法落实环境保护、节能节水、资源综合利用等方面税收优惠政策","研究将部分高耗能、高污染产品纳入消费税征收范围";在排污许可证方面,提出"全面推进排污许可制度",明确"2015年底前,完成国控重点污染源及排污权有偿使用和交易试点地区污染源排污许可证的核发工作,其他污染源于2017年底前完成",同时还肯定了要"充分发挥市场机制作用",强调"建立激励机制",推行"绿色信贷",并实施"跨界水环境补偿"制度。以"水十条"的颁布和实施为标志,中国的水环境规制正式进入了指令控制型规制与市场激励型规制并重阶段。

第三节　经济发达程度与环境规制政策的有效性

一、模型的构建

随着一系列水环境规制政策的实施,一项重要工作就是对其减排效果进行科学的评估。特别是对于经济空间结构复杂、河流污染严重的海河流域来讲,科学合理的评价水环境规制政策在实践层面获得的减排效果及其在地区之间的差异就显得更有意义。

本书选用倍差法研究环境规制政策的有效性与海河流域经济空间结构之间的关系。倍差法是当前应用最广泛的政策评价方法,它通过观察一项(准)自然实验冲击前后因变量的变化对政策实施效果进行评价。倍差法经常被运用到环境规制减排效果的研究,如环境规制对于全要素生产率(List,2003;汤韵,2012;李树,2013;韩超,2015;张俊,2016;孙早,2016)、外商直接投资(Santis,2012;Chung,2014;Cai,2016)、就业(Walker,2011)、婴儿死亡率(Greenstone,2011)的影响等。

严格的倍差法使用需要满足五个基本假定：①随机分组，即保证参与实验的每个样本有同等机会接受同一实验处理。②随机事件，即保证实验发生时间的随机性。③相互独立性，即控制组不应受实验变量的任何影响。④同质性，即实验组与控制组样本是统计意义上的同质个体，除接受实验处理外，在其他方面具有共同趋势。⑤唯一性，即实验期间应保证实验变量只出现一次。在满足上述五个基本假定的基础上，经典倍差法将一项（准）自然实验视为外部冲击，研究处理组与控制组在外部冲击发生前后各自发生的变化。对于处理组，一项外部冲击事件使得 $\beta_{treatment} = E(y_{after}^1 - y_{before}^1 \mid D=1) - E(y_{after}^0 - y_{before}^0 \mid D=1)$，其中 $(y_{after}^1 - y_{before}^1)$ 表示冲击前后处理组的变化，$(y_{after}^0 - y_{before}^0)$ 表示假设没有冲击情况下处理组的变化是一种"反事实状态"（Counterfactual Effect）。由于 $(y_{after}^0 - y_{before}^0)$ 不可观测，因此需要通过配对找到一个控制组能够使得 $E(y_{after}^0 - y_{before}^0 \mid D=1) = E(y_{after}^0 - y_{before}^0 \mid D=0)$ 成立。此时，（准）自然实验冲击所产生的影响可转换为 $\beta_{treatment} = E(y_{after}^1 - y_{before}^1 \mid D=1) - E(y_{after}^0 - y_{before}^0 \mid D=0)$。

将经典倍差法的思想拓展到环境规制减排效果地区差异性的研究。以经济空间结构主体构成中的经济发达程度指标为例，假设一项环境规制政策同时作用于经济发达地区（$R=1$）和不发达地区（$R=0$）。其中，对于发达地区的影响可以描述为 $\beta_{developed} = E(p_{after}^1 - p_{before}^1 \mid R=1) - E(p_{after}^0 - p_{before}^0 \mid R=1)$，$(p_{after}^1 - p_{before}^1)$ 表示环境规制政策实施前后经济发达地区排污量的变化，$(p_{after}^0 - p_{before}^0)$ 表示环境规制政策如果没有实施发达地区排污量的变化，实际上也是一种"反事实状态"。同理，环境规制政策实施对于不发达地区产生的影响可以描述为 $\beta_{undeveloped} = E(p_{after}^1 - p_{before}^1 \mid R=0) - E(p_{after}^0 - p_{before}^0 \mid R=0)$。此时，如果能够证明经济发达地区和不发达地区污染物排放水平存在 $E(p_{after}^0 - p_{before}^0 \mid R=1) = E(p_{after}^0 - p_{before}^0 \mid R=0)$，则环境规制政策实施对于发达地区的"净影响"就可以表示为 $\beta_{developed} = E(p_{after}^1 - p_{before}^1 \mid R=1) - E(p_{after}^0 - p_{before}^0 \mid R=0)$。这个"净影响"也就是环境规制效果在不同经济发展水平地区存在的差异。

上述思想也可以用图8-3进行描述。在环境规制政策实施之前，经济发达地区与不发达地区在污染物排放量的变化上具有"共同趋势"，具体表现为A时点之前两地区排污线平行。随着A时点某项环境规制政策的实施，发达地区污染物排放量如果能够产生更快的下降，则发达地区实际污染物排放量与其自身"反事实状态"（图8-3中虚线部分）之间的差即为环境规制效果的地区差异。

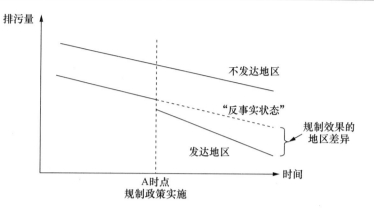

图 8 - 3 环境规制效果在不同经济发达程度地区的差异性

由此可以建立测度环境规制在经济发达程度不同地区减排效果差异性的实证模型，如式（8-1）所示：

$$\lg p_{it} = \alpha_0 + \alpha_1 develop_{it} \times time_{it} + \sum_{j=1}^{n} \gamma_j \lg control_{itj}^1 + \eta_{it}^1 + \varsigma_{it}^1 + \varepsilon_{it}^1 \qquad (8-1)$$

其中，p_{it} 表示样本地区的污染物排放数量或强度。$develop_{it}$ 为反映地区经济发达程度的虚拟变量，经济发达地区 $develop = 1$，不发达地区 $develop = 0$。$time_{it}$ 为反映时间的虚拟变量，环境规制政策实施之前 $time = 1$，实施之后 $time = 0$。交乘项的待估参数 α_1 反映了环境规制在不同经济发达程度地区所产生减排效果的差异性：如果经济发达地区在环境规制政策实施之后的污染物排放数量或强度能够出现更为明显的下降，则应该存在 $\alpha_1 < 0$；反之，则应该存在 $\alpha_1 > 0$。$control_{ijt}^1$ 为模型的控制变量，一方面利用 $control_{ijt}^1$ 可以测度导致环境规制减排效果产生地区差异的原因，另一方面则是为了尽可能控制除环境规制因素外其他因素的干扰。η_{it}^1 表示地区效应，ς_{it}^1 表示时间效应，ε_{it}^1 表示随机效应。如选择其他经济空间结构的主体构成变量，则估计模型与式（8-1）相类似，只不过利用新的经济空间结构变量替代虚拟变量 $develop_{it}$ 即可。

此外，还有一点必须强调，由于发达地区和不发达地区分组并非严格配对产生，为了保证相互比较的组别之间具有"同质性"，应该对经济发达程度不同的地区在环境规制政策实施之前污染物的排放水平是否具有系统性差异进行必要的检验（Moser，2012）。

二、准自然实验对象的选取

图 8-4 描述了 2002~2015 年国家修订或颁布施行的与水环境规制相关的主要法律法规。其中，直接针对水环境规制的法律 2 部、法规 3 部；通过一般性环境立法或排污收费、排污权交易制度间接作用于水环境规制的法律 4 部、法规 2 部。最终，选定 2008 年修订的《水污染防治法》作为准自然实验对象，研究海河流域经济空间结构与环境规制政策有效性的关系。

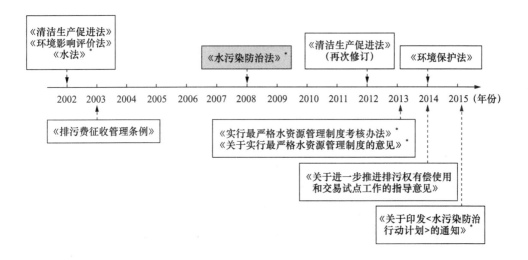

图 8-4　2002~2015 年国家修订颁布的与水环境规制相关的主要法律法规

注：图中标注有"＊"的为直接针对水环境进行规制的法律或法规，没有标注"＊"的表示通过一般性环境立法或排污收费、排污权交易制度间接作用于水环境规制的法律或法规。

将《水污染防治法》的修订作为准自然实验对象主要基于以下几点考虑：第一，作为国家最高权力机关通过的法律，《水污染防治法》在法律效力上高于国务院及其各部委颁布的法规或行政规章，如《实行最严格水资源管理制度考核办法》等，其影响范围更广、程度更深；第二，《水污染防治法》是进行水环境规制的专门性法律，相较于《环境保护法》《清洁生产促进法》等其他一般性环境立法，对于水环境的规制作用更为直接；第三，在国家层面，2002 年前后和2013 年前后同时有多部与水环境规制直接或间接相关的法律法规颁布施行，而

《水污染防治法》修订的 2008 年前后较少有类似的法律法规出台，相对更贴近准自然实验对于政策唯一性的要求；第四，修订后的《水污染防治法》施行至今已经有若干年时间，能够对其规制效果进行更为仔细的观察；第五，对于海河流域而言，虽然也先后出台过诸如《海河流域水污染防治规划》等法规，但一方面其在法律效力上远低于由全国人大常委会修订后颁布施行的《水污染防治法》，另一方面《海河流域水污染防治规划》每五年颁布一次，不符合倍差法对于准自然实验冲击唯一性的要求。此外，海河流域一些地区，如天津市也曾经出台过针对海河流域河流污染治理的地方性法规，但其作用仅限于本行政区内部，对于上游地区河流污染的控制作用相对有限。

三、变量的选取与描述性分析

1. 变量的选取

以海河流域 25 个城市 2003～2014 年相关数据为样本，对经济发达程度与环境规制有效性的关系进行实证研究。

选择单位工业产出的工业废水排放量作为模型的被解释变量。正如在"海河流域经济空间结构与污染减排协同性"研究中所分析的，废水是反映水污染物排放水平的综合性指标，能综合反映排污的总体情况；同时，相对于生活废水，工业废水排放与生产活动的关系更为密切，所造成的污染事件对于公共安全的危害程度也要远超生活废水污染所产生的影响。因此，仍将工业废水排放强度作为模型的被解释变量具有一定的代表性。

同时，根据海河流域 25 个城市经济空间结构的评价结果，北京市和天津市经济发达程度综合评价结果为 A +，唐山的评价结果为 A，设定这三个城市的 $develop = 1$，流域内其他城市的 $develop = 0$。考虑修订后的《水污染防治法》在 2008 年 6 月 1 日才开始正式实施，规制效果发挥可能存在一定滞后期，因此 2009 年之后设定为 $time = 1$，2009 年之前设定为 $time = 0$。

在 $control^1_{ijt}$ 的选择上，设定海河流域 25 个城市的科学技术研发投入强度（$science$）、经济外向型程度（$outward$）和居民受教育水平（$education$）为模型的控制变量。首先，经济发达地区一般具有更强的技术研发投入能力，这些有助于生产技术水平的提高，从而使环境规制产生有利于污染减排的技术效应。其次，经济发达地区经济外向型程度往往也较高，而部分研究表明，外商投资的增加往往能够优化经济结构，促进节能环保技术的应用和环保监管强度的增加，这些可能都有助于环境规制在经济发达地区获得更好的实施效果。最后，经济发达地区居民往往受教育程度相对较高，而受教育程度与环境保护意识存在正相关，并由此使该地区居民对环境质量产生更强烈的需求偏好，所以环境规制应该在居民平均受教育程度相对较高的经济发达地区取得更为明显的减排效果。由此，选定 science、outward 和 education 为模型的控制变量，并且预期三者待估参数的回归结果存在 $\gamma_j < 0$。其中，science 反映科技研发投入强度，用样本城市历年的科学技术支出占财政支出比重衡量；outward 反映经济外向型程度，用样本城市 FDI 占当年地区生产总值比重衡量；education 反映地区居民受教育程度，用样本城市的每万人大学生人数衡量。

2. 控制变量的描述性分析

表 8 - 1 反映了控制变量的描述性分析结果。结果显示，北京市在科学技术研发投入强度方面一直是海河流域 25 个城市中最高的，并且增长态势也十分明显。[①] 将 2014 年数据与 2003 年数据相比较，北京市科学技术支出占财政支出比重在 12 年间增长了 325%。如果考虑其地区经济总量在流域内也处于前茅位置，北京市每年的科技研发支出总量遥遥领先其他城市。科学技术研发投入强度偏低的主要集中在衡水市、秦皇岛市、保定市、邢台市等城市。这些城市的科学技术支出占财政支出比重仅为北京市的 1/10 左右，说明其科学技术投入对于经济发展的支撑力相对有限。从平均值角度看，海河流域 25 个城市科学技术研发投入强度总体上呈现上升趋势，2014 年的科学技术支出占财政支出比重较 2003 年上升了 3.72 倍，但"跳涨"只发生在 2007 年前后，其后的科学技术研发投入强度变化并不明显。同时，科学技术研发投入强度标准差出现扩大趋势，说明海河流域城市间科学技术研发投入强度的差距愈发明显。

表 8 - 1　模型控制变量的描述性分析结果之一

年份	科学技术研发投入强度（science）				经济外向型程度（outward）				居民受教育水平（education）			
	最大值	最小值	平均值	标准差	最大值	最小值	平均值	标准差	最大值	最小值	平均值	标准差
2003	0.0146 北京	0.0014 秦皇岛	0.0037	0.0025	0.0066 天津	0.0000 忻州	0.0021	0.0024	392.39 北京	8.2042 濮阳	86.86	90.88

---

①　本章数据均源于 2005 ~ 2015 年《中国城市统计年鉴》。

续表

年份	科学技术研发投入强度(science)				经济外向型程度（outward）				居民受教育水平（education）			
	最大值	最小值	平均值	标准差	最大值	最小值	平均值	标准差	最大值	最小值	平均值	标准差
2004	0.0147 北京	0.0013 秦皇岛	0.0036	0.0026	0.0084 天津	0.0000 忻州	0.0023	0.0024	430.17 北京	12.41 濮阳	97.55	99.889
2005	0.0149 北京	0.0013 忻州	0.0033	0.0027	0.0090 天津	0.0000 阳泉	0.0021	0.0024	454.58 北京	16.28 濮阳	113.51	111.04
2006	0.0149 北京	0.0011 保定	0.0032	0.0027	0.0094 天津	0.0000 忻州	0.0020	0.0024	463.18 北京	20.15 濮阳	120.97	115.62
2007	0.0550 北京	0.0045 张家口	0.0142	0.0104	0.0105 天津	0.0001 忻州	0.0021	0.0123	468.06 北京	23.59 濮阳	127.61	117.93
2008	0.0572 北京	0.0053 秦皇岛	0.0143	0.0109	0.0116 天津	0.0001 忻州	0.0025	0.0121	442.85 北京	24.72 忻州	131.99	114.44
2009	0.0545 北京	0.0044 保定	0.0140	0.0104	0.0119 天津	0.0009 承德	0.0025	0.0118	463.27 北京	28.80 濮阳	142.69	123.76
2010	0.0658 北京	0.0048 邢台	0.0139	0.0124	0.0118 天津	0.0003 忻州	0.0024	0.0117	459.40 北京	29.49 濮阳	148.23	122.58
2011	0.0564 北京	0.0042 沧州	0.0132	0.0112	0.0115 天津	0.0001 邢台	0.0026	0.0109	452.80 北京	29.14 濮阳	151.58	125.31
2012	0.0543 北京	0.0046 衡水	0.0136	0.0110	0.0116 天津	0.0003 忻州	0.0030	0.0109	534.18 秦皇岛	27.48 濮阳	165.27	145.45
2013	0.0562 北京	0.0042 衡水	0.0141	0.0113	0.0117 天津	0.0001 忻州	0.0032	0.0112	580.54 秦皇岛	23.67 濮阳	167.23	153.49
2014	0.0624 北京	0.0033 衡水	0.0138	0.0125	0.0120 天津	0.0004 聊城	0.0033	0.0108	525.31 秦皇岛	19.10 濮阳	167.08	144.46

资料来源：作者根据计算结果整理而成。

天津市始终是海河流域 25 个城市中经济外向型程度最高的，这与其作为北方重要经济中心和第一大港口城市的地位是相互匹配吻合的。除 2009 年和 2011 年之外，忻州市的经济外向型程度都是最低的，其 FDI 占当年地区生产总值比重长期维持在万分数以下。海河流域样本城市 FDI 占当年地区生产总值比重的平均值基本维持在 0.02 ~ 0.033，2011 年之前相对保持稳定，仅从 2012 年开始略有提高。但与科学技术研发投入强度指标项类似，经济外向型程度指标的标准差呈现增长趋势，说明区域内不同城市之间经济外向型程度的差异逐步扩大。

就居民受教育水平而言，在 2012 年之前北京市每万人大学生人数始终排名全部 25 个样本城市的第一位，但其后被秦皇岛市超过。但考虑人口规模远高于秦皇岛市，北京市毫无疑问仍然是流域内教育资源最集中、居民受教育程度最高的地区。除 2008 年的忻州市之外，濮阳市一直是居民受教育水平最低的城市，每万人大学生人数与北京市、秦皇岛市等城市相差 20 ~ 30 倍。与此同时，海河流域相关城市居民平均受教育水平呈现稳步上升态势，相关指标的标准差也同步扩大，说明居民受教育水平的地区间差异不断加大。

四、实证结果与分析

1. 同质性检验

正如在模型设定部分所分析的，首先需要检验海河流域 25 个样本城市在《水污染防治法》修订之前的工业废水排放强度是否就已经存在趋势性差异，即同质性检验。否则，可能会怀疑 2009 年之后所表现出的地区间差别是其固有的惯性使然，与《水污染防治法》修订本身无关。借鉴 Moser（2012）的研究设定如式（8－2）所示：

$$\lg p_{it} = \kappa_0 + \kappa_1 develop_{it} \times per\_\, year_t + \eta_{it}^2 + \varsigma_{it}^2 + \varepsilon_{it}^2 \qquad (8-2)$$

其中，$per\_\, year_t$ 是 2009 年之前的年份虚拟变量，在赋值的第 t 年 $per\_\, year = 1$，其他年份 $per\_\, year = 0$，表 8－2 反映了依据式（8－2）得到的回归结果。结果说明，《水污染防治法》修订之前的所有年份，海河流域不同经济发达程度地区在工业废水排放强度上都不存在系统性关系。这也就意味着，如果工业废水排放强度 2009 年之后在经济发达程度不同地区间表现出了系统性差异，那么这个差异很可能是源于《水污染防治法》修订的影响，而非原有惯性所致。

表 8－2 《水污染防治法》修订前不同经济发达程度地区工业废水排放强度的相关性检验

变量	回归结果	T 统计量
$develop_{it} \times per\_\, year_{2003}$	0.1762	0.9
$develop_{it} \times per\_\, year_{2004}$	0.0039	0.03
$develop_{it} \times per\_\, year_{2005}$	0.0713	0.48
$develop_{it} \times per\_\, year_{2006}$	－ 0.0709	－ 0.47

变量	回归结果	T 统计量
$develop_{it} \times per\_year_{2007}$	− 0.0314	− 0.47
$develop_{it} \times per\_year_{2008}$	0.058	0.38

资料来源：作者根据计算结果整理而成。

2. 实证结果

表 8-3 反映了依据式（8-1）得到的回归结果。其中，结果（1）采用的是混合模板 OLS 估计。结果显示，《水污染防治法》修订之后海河流域经济发达城市（北京市、天津市、唐山市）单位工业产出的废水排放强度下降的速度要比其他地区高出 58% 左右。并且，科学技术研发投入强度的增加和居民受教育水平的提升对于工业废水排放强度的上升具有显著的抑制作用。科学技术支出占财政支出比重每增加 1%，样本城市工业废水排放强度将下降 47% 左右；每万人大学生人数衡量增加 1%，样本城市工业废水排放强度将下降 50% 左右。但经济外向型程度增加能够抑制工业废水排放强度上升的假设没有得到验证，说明外向型经济的发展并没有从根本上起到污染减排效果。

表 8-3 《水污染防治法》修订在海河流域不同经济发展水平地区产生的减排效果差异之一

变量	结果（1）		结果（2）		结果（3）	
	回归结果	T 统计量	回归结果	T 统计量	回归结果	T 统计量
常数项	− 7.2336 ***	− 11.02	− 4.3292 ***	− 5.44	− 7.2256 ***	− 18.57
$develop \times time$	− 0.5805 ***	− 3.51	− 0.6516 ***	− 3.98	− 0.7567 ***	− 5.29
$science$	− 0.4686 ***	− 9.27	− 0.3325 ***	− 6.14	− 0.2157 ***	− 6.14
$outward$	0.0154	0.37	0.0108	0.26	− 0.0266	− 1.04
$education$	− 0.4958 ***	− 5.60	− 0.9931 ***	− 5.44	− 0.2717 ***	− 5.05
$R-square$	0.5430		0.5699		0.6239	
地区固定	否		是		是	
时间固定	否		是		是	
$Wald-statistic$	308.47		344.48		155.94	
样本量	288		288		288	

注：表中 ***、** 和 * 分别表示在 1%、5% 和 10% 的水平上通过显著性检验，并适用于本章以下各表。

资料来源：作者根据计算结果整理而成。

由于混合面板假设模型解释变量对被解释变量的影响与横截面个体无关，在实际运用过程中经常会偏离现实，因此利用 Hausman 检验判断应选择何种变量截距模型改进参数估计的有效性。Hausman 检验结果为 31.99，说明选用固定效应模型更为合理。选用固定效应面板模型对式（8-1）进行重新估计，具体结果如表8-3中的结果（2）所示。结果显示，北京市、天津市、唐山市三个城市工业废水排放强度下降速度要比其他城市快65个百分点，意味着《水污染防治法》修订依然能够在海河流域的经济相对发达地区产生更为明显的减排效果。

　　选择 Wald-Test 和 Wooldridge-Test 进行组间异方差性和自相关性检验，检验结果均显示 $p=0$，说明模型本身存在组间异方差性和自相关性，继续运用 OLS 估计可能导致结果不再有效。由于可以在存在异方差的情况下得到无偏一致估计量，因此选用 GLS 改进估计效率，具体估计值在表8-3的结果（3）中予以反映。结果显示，由于组间异方差和自相关性的存在，OLS 估计低估了《水污染防治法》修订在海河流域经济发达程度不同地区减排效果的差异性。根据最新的估计结果，2009年之后北京市、天津市、唐山市三个城市工业废水排放平均强度下降的速度要比其他城市快76个百分点左右。此外，科学技术研发投入、地区居民受教育程度两个控制变量对工业废水减排强度的抑制作用依然存在，经济外向型程度对于工业废水排放强度的影响也依然不显著。

　　但是，完全依赖海河流域25个城市经济空间结构的评价结果，简单地将北京、天津、唐山设定为经济发达地区，其他城市统归为经济不发达地区略显粗糙。一方面，在经济发达地区的选择上人为因素较强，可能会存在一定争议；另一方面，该种设定方法就将评级为 A- 的秦皇岛市、阳泉市与评价为 E- 的邢台市、濮阳市等城市同等对待，其中是否完全科学合理也可能有所质疑。因此，考虑利用海河流域样本城市经过平减的实际人均地区生产总值 $rgdp$ 代替虚拟变量 $develop$ 对模型进行重新估计，以检验《水污染防治法》修订所产生的环境规制减排效果的地区差异是否具有稳定性。根据经济发达程度指标的设定，虽然人均地区生产总值只是"经济发展水平"中的一项二级指标，但由于不同的指标评价结果具有相当的一致性，人均地区生产总值大体可以反映出城市间经济发达程度的差异性。具体模型设定如式（8-3）所示：

$$\lg p_{it} = \alpha'_0 + \alpha'_1 rgdp_{it} \times time_{it} + \sum_{j=1}^{n} \gamma'_j \lg control^1_{itj} + \eta^3_{it} + \varsigma^3_{it} + \varepsilon^3_{it} \qquad (8-3)$$

　　具体的回归结果如表8-4所示。结果显示，用实际人均地区生产总值替代反映经济发达程度的虚拟变量之后，环境规制能够在经济发达地区产生更为明显减排效果的研究结论依然成立。海河流域相关城市的人居地区生产总值每提高 1% ，《水污染防治法》修订之后工业废水排放强度下降的速度就提高 3.27% 。由此证明，研究结论具有相当的稳定性。

表 8-4 《水污染防治法》修订在海河流域不同经济发展水平地区产生的减排效果差异之二

变量	回归结果	T 统计量
常数项	- 7.0349 ***	- 17.74
$rgdp \times time$	- 0.0327 ***	- 5.52
$science$	- 0.1877 ***	- 5.30
$outward$	- 0.0290	- 1.12
$education$	- 0.2604 ***	- 4.57
$R - square$	0.4557	
地区固定	是	
时间固定	是	
$Wald - statistic$	125.80	
样本量	288	

资料来源：作者根据计算结果整理而成。

3. 边际变化

继续对式（8-1）进行拓展，研究《水污染防治法》修订在海河流域经济发达程度不同地区减排效果差异性的边际变化。具体模型如式（8-4）所示：

$$\lg p_{it} = \alpha''_0 + \alpha''_1 develop_{it} \times time_{it} + \sum_{t=2009}^{2014} \alpha_t develop_{it} \times time_{it} \times post\_year_t +$$

$$\sum_{j=1}^{3} \gamma''_j \lg control_{itj}^1 + \eta_{it}^4 + \varsigma_{it}^4 + \varepsilon_{it}^4 \qquad (8-4)$$

其中，$post\_year_t$ 反映了 2009 年之后的年份虚拟变量，在赋值的第 t 年 $post\_year = 1$，其他年份 $per\_year = 0$。《水污染防治法》修订在海河流域不同经济发达程度地区减排效果的边际差异可用 $m_{develop,t} = \alpha''_1 + \alpha_t$ 表示。但考虑随着环境规制政策的实施，海河流域工业废水排放强度呈现下降趋势（也就是说 $m_{develop,t}$ 通常为负），因此为了符合习惯的表达方式，通过 $-m_{develop,t}$ 表示减排效果的边际变化。具体结果如图 8-5 所示。

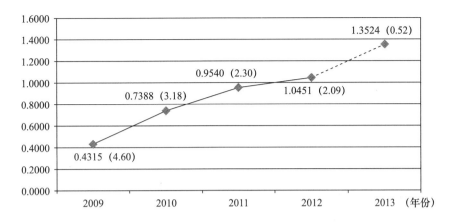

图 8-5 《水污染防治法》修订地区差异的边际变化

资料来源：作者根据计算结果整理而成。

结果显示，2009~2012 年《水污染防治法》修订在不同的经济发达程度地区间减排效果呈现逐步扩大趋势。但从 2013 年开始，北京市、天津市、唐山市三个城市与海河流域其他城市之间工业废水排放强度下降速度的差异变得不再显著。[①] 相关结论意味着，在环境规制政策实施初期，减排效果的地区差异仅凭借其自身力量难以实现自动收敛。因此，为了抹平地区间减排效果的差异，必须针对海河流域经济不发达地区出台针对性规制政策，才能达成河流污染协同治理的政策目标。这一点，与"海河流域经济空间结构与污染减排协同性"研究中得到的"标杆协同"减排效应自身存在"惯性阻力"的结论具有相似性，都强调了需要借助外力以实现河流污染协同减排的必要性。

第四节　区位中心性与环境规制的有效性

一、模型的构建、变量选取与描述性分析

在经济空间结构中，与主体构成相关的另一个重要变量是区位中心性。采用

---

① 由于共线性的存在，$post\_year_{2014}$ 的回归结果显示为"omitted"。

相似的研究方法，分析海河流域区位中心性与环境规制减排效果之间的关系。仍将 2008 年《水污染防治法》的修订视作一次准自然实验，运用倍差法研究外部冲击下海河流域中心城市与非中心城市在工业废水排放强度上的变化。具体模型如式（8-5）所示：

$$\lg p_{it} = \beta_0 + \beta_1 center_{it} \times time_{it} + \sum_{j=1}^{3} \varphi_j \lg control_{itj}^2 + \eta_{it}^2 + \varsigma_{it}^2 + \varepsilon_{it}^2 \quad (8-5)$$

除已定义变量外，$center_{it}$ 是反映城市等级的虚拟变量。根据海河流域主要城市经济空间结构的评价结果，将北京市、天津市和河北省省会石家庄市设定为中心城市，虚拟变量 $capital = 1$，其他城市 $capital = 0$。$control_{itj}^2$ 为模型的控制变量，包括 education、public 和 traffic，分别反映地区居民的受教育水平、公共财政支出情况和人员流动性。居民的受教育水平 education 依然用样本城市每万人大学生人数作为代理变量。与经济发达地区的解释相类似，北京市、天津市和石家庄市作为海河流域的中心城市，其教育资源往往相对集中，居民受教育程度也往往较高，这些都有助于环境规制取得更明显的减排效果。如果上述假设成立，则 education 待估参数的回归结果应为负值。此外，作为两大直辖市和河北省的省会，北京市、天津市和石家庄市在对包括环境保护投入在内的基本公共服务资源分配上具有先天优势，而基本公共服务的增加对于环境规制减排效果的显现也可能具有促进作用。基于这点考虑，用样本城市财政支出占地区生产总值比重作为公共财政支出能力 public 的代理变量，并且预估其待估参数的回归结果也为负值。最后，作为海河流域的中心城市，北京市、天津市和石家庄市是主要的交通枢纽和客流集散地，人口流动性相对较强，在"脸面效应"的推动下一项环境规制政策出台之后往往在这些城市能够产生更强的执行效力。因此，用样本城市的铁路客运量测度人员流动性 traffic，进而刻画"脸面效应"对于工业废水排放强度的影响。如果"脸面效应"能够推动工业废水排放强度下降的假设成立，traffic 的待估参数预计也为负值。

表 8-5 反映了除 education 之外，其他两个控制变量的描述性分析结果。结果显示，忻州市一直是财政支出占地区生产总值比重最高的城市。但考虑忻州市 2014 年地区生产总值在海河流域全部 25 个城市中仅排名 24 位，因此忻州市财政支出的占比较高很可能与经济体量较小因素有关。财政支出占地区生产总值比重最低的城市分布相对较为分散，主要集中在河北省的唐山市、石家庄市、沧州市等地。从平均值角度来看，海河流域主要城市的公共财政支出能力呈现稳步上升

态势，2014 年财政支出占地区生产总值比重相较于 2003 年上升了大约 70%。同时，标准差的分布相对稳定，说明各个城市之间公共财政支出能力的差异性相对保持稳定。

表 8-5　模型控制变量的描述性分析结果之二

年份	公共财政支出情况（public）				人员流动性（trafic）			
	最大值	最小值	平均值	标准差	最大值	最小值	平均值	标准差
2003	0.2264 忻州	0.0564 唐山	0.0951	0.042	4352 北京	4 濮阳	495.04	859.29
2004	0.2364 忻州	0.0569 石家庄	0.0955	0.0452	5437 北京	5 濮阳	596.83	1064.37
2005	0.224 忻州	0.0557 沧州	0.0981	0.0373	5779 北京	31 鹤壁	673.71	1167.69
2006	0.2478 忻州	0.0628 沧州	0.1057	0.0418	6269 北京	38 鹤壁	735.33	1269.29
2007	0.2564 忻州	0.0652 德州	0.1125	0.0426	6915 北京	20.6 鹤壁	771.21	1384.59
2008	0.2730 忻州	0.0682 石家庄	0.1161	0.0465	7644 北京	28.1 鹤壁	901.88	1589.38
2009	0.2921 忻州	0.0750 唐山	0.1324	0.0481	8161 北京	23.17 鹤壁	973.60	1687.77
2010	0.2939 忻州	0.0744 唐山	0.1383	0.0459	8903 北京	23.47 鹤壁	896.12	1749.94
2011	0.2745 忻州	0.0812 唐山	0.1434	0.0437	9755 北京	24 鹤壁	932.59	1924.1
2012	0.2923 忻州	0.0836 唐山	0.1539	0.0451	10315 北京	28 鹤壁	952.50	2038.85
2013	0.3256 忻州	0.0812 唐山	0.1606	0.0528	11588 北京	71 鹤壁	1063.83	2290.21
2014	0.3145 忻州	0.0842 唐山	0.1615	0.0516	12609 北京	117 廊坊	1137.04	2497.35

资料来源：作者根据计算结果整理而成。

在人员流动性方面，作为海河流域的中心城市，北京市始终是铁路客运量最高的城市，而河南省的濮阳市、鹤壁市以及河北省的廊坊市等城市排名相对靠后。从平均值的角度看，海河流域主要城市铁路客运量稳步提升，也就意味着该地区人员流动性呈现总体增强态势。铁路客运量的标准差也有所上升，说明至少从绝对数的角度来看各城市间人员流动性的差异有所扩大。

二、实证结果与分析

表8-6反映了根据式（8-5）估计得到的海河流域区位中心性与环境规制有效性之间关系的回归结果。其中，结果（4）采用的是OLS估计，结果（5）采用的是GLS估计。结果显示，在OLS估计下，《水污染防治法》修订能够在海河流域的中心城市北京市、天津市、石家庄市产生更为显著的减排效果，并且能够通过1%水平的显著性检验。但通过GLS修正异方差和自相关性之后，虽然环境规制在中心城市依然能够取得更为明显的减排效果，但仅能勉强通过10%水平的检验，显著性水平明显降低。与此同时，居民受教育水平的增加、人员流动性的增强和地方政府财政支出能力的增强也都有助于进一步降低工业废水排放强度。

表8-6 《水污染防治法》修订在海河流域中心与非中心城市产生的减排效果差异

变量	结果（4）		结果（5）		结果（6）	
	回归结果	T统计量	回归结果	T统计量	回归结果	T统计量
常数项	-6.5066***	-7.37	-7.54198***	-17.56	-11.6301***	-12.45
center × time	-0.4132***	-2.81	-0.1887*	-1.68	-0.1329	-1.03
education	-0.6014***	-4.84	-0.1986***	-3.09	-0.0573	0.49
public	-1.5219***	-9.58	-0.8381***	-6.27	-1.9895***	-9.79
traffic	-0.2151***	-2.98	-0.1041***	-2.63	-0.1399**	-2.47
R - square	0.6413		0.5792		0.5032	
地区固定	是		是		是	
时间固定	是		是		是	
Wald - statistic	446.96		123.06		174.61	
样本量	288		288		72	

资料来源：作者根据计算结果整理而成。

但是，直接利用式（8－5）进行估计可能会面临一个问题，海河流域中心城市与经济发达地区可能存在相当程度的重合。例如，北京市和天津市既是海河流域的中心城市，同时也是经济发达地区。在相关估计中，仅是中心城市石家庄取代了经济发达程度评价为 A 的唐山市，其他方面并没有不同。因此，环境规制在海河流域中心城市表现出来的更为明显的减排效果也许仅是因为经济发达程度的作用，并非源于区位中心性本身。表 8－6 中结果（4）的显著性水平偏低也很可能已经隐约反映出上述问题。

　　采用配对方法消除经济发达程度因素可能对模型估计结果造成的影响。具体来讲，就是选择与中心城市经济发达程度综合评价结果排名相近的唐山市、秦皇岛市、阳泉市作为控制组，以尽可能保证除区位中心性因素外，虚拟变量 center 设定为 1 和 0 的两组在其他方面具有"共同趋势"。结果如表 8－6 中的结果（6）所示，经过配对剔除经济发达程度可能对估计结果产生的干扰之后，center 和 time 的交叉项虽然仍然为负，但未能通过 10% 显著性水平上的检验。这也就意味着在海河流域，区位中心性与环境规制的有效性之间不存在因果关系。因此，在主体构成因素当中，经济发达程度成为影响海河流域环境规制效果唯一的经济空间结构变量。

第九章　研究结论与政策措施

第一节　研究结论

本书着重基于经济空间结构视角，从理论分析和实证检验两个层面探讨了河流污染协同治理过程中上下游地区排污行为的选择、协同治理产生的条件、协同效应的发挥、环境规制政策的有效性等问题。研究主要得到以下结论：

（1）经过多年的治理，中国以七大水系为代表的大江大河水质状况有所改善，但支流和中小河流的污染状况依然严峻，跨界水污染事件依然时有发生，所以河流污染治理工作依然任重道远。实证研究表明，地区间的废水排放行为至少在省际层面具有空间相关性，并且高排污区呈现较为明显和稳定的地区性分布。这就为河流污染协同治理实施的必要性和可行性提供了现实依据。

（2）理论研究证明，上下游地区之间的经济空间结构虽然不会从"质"的角度影响河流污染治理实现的必要条件，即以跨界补偿为主的激励机制配之以足够强度的惩罚机制，但却会从"量"的角度影响河流污染协同治理达成的可能性。当下游地区经济发达程度高且区位中心性强，上下游地区间经济联系紧密且互补性强时，河流污染的协同治理行为更易于达成。

（3）海河流域是中国七大水系中污染最为严重的水系，并在一定程度上呈现出北部、西部上游水质状况较好，下游地区水污染严重的空间分布特征。同时，经济空间结构评价结果表明，海河流域的经济发达地区和区位中心城市主要位于流域下游，恰好符合河流污染协同治理易于达成的经济空间结构特征。因此，只要辅之以必要的激励机制和惩罚机制，海河流域河流污染的协同治理完全可能实现。

（4）以海河流域经济中心和区位中心北京市为"标杆"的实证研究进一步证明，经济联系强度的增加和互补性的增强有利于地区间协同减排行为的出现。同时，协同减排效应也更易于在经济发达地区和区位中心城市之间实现。但是由于协同减排效应自身存在"惯性阻力"，必须不断施加以必要的外力政策干预才能保证河流污染协同治理行为的稳定性和延续性。

（5）以海河流域为案例的实证研究进一步表明，环境规制政策在流域经济发达程度不同地区会产生不同的规制效果，减排效果更易于在经济发达地区得到体现，并且减排效果上的差异在一段时间内还具有边际递增特征。因此，必须对流域经济不发达地区给予特殊的措施以缩小环境规制政策减排效果的差异性，这样才更有利于河流污染协同治理目标的实现。

（6）河流污染协同治理的实现既有赖于以跨界补偿为主的激励机制和足够强度配合的惩罚机制，更有赖于上下游地区间经济联系的加强和产业互补性的提高。因此，不能仅仅单纯依靠环境保护部门，必须综合运用金融、财税、投资、市场等多种手段，在做好顶层设计的基础上"多管齐下""多措并举"，才能达成河流污染协同治理目标。

第二节　政策措施

一、激励机制：跨界补偿的模式与手段

在理论层面，外部性的存在是导致河流污染治理难以在地区间达成共识的关键所在，而以跨界补偿为主要形式的激励机制由此成为实现河流污染协同治理的第一必要条件。如果跨界补偿政策能够得以顺利实施，则上下游地区间的福利都能得以帕累托改进，这也符合"协同治理"的本意。在实际层面，中国主要江河基本都呈现东西走向，而经济空间结构也具有"东强西弱"的发布特征。例如，京津、长三角、珠三角这三个中国经济"增长极"都位于大江大河的下游地区。这不仅符合河流污染协同治理的基本前提，也使补偿机制的建立具备了必要条件。具体来看，建立河流污染治理跨界补偿机制需要处理好以下关键问题：

1. 补偿模式：市场为主，还是政府推动

河流污染治理跨界补偿机制实际上更加倾向于利用市场化模式，解决外部性问题。但结合中国当前的实际，短期内完全的市场化模式可能并不现实。其原因主要在于以下两个方面：

第一，通过跨界补偿达成河流污染协同治理，首先需要清晰地回答上游地区每年向河流排放多少污水是合理的，削减多少排污量是应该获得补偿的。其本质是产权的界定问题，而产权能够清晰地界定是市场机制得以有效发挥的必备前提。显然，在没有上级政府参与的条件下，单纯依靠河流上下游地区谈判解决排污权的划分，必然对应这高额的谈判成本。这显然是不经济的，也导致河流污染协同治理短期内难以实现。

第二，除排污权界定问题外，市场化模式得以有效运作的另一必备条件是相关产权能够得以有效的保护。诚如在前文"河流污染协同治理的经济学分析"中提及的，河流污染排放权的排他成本往往是较高的。当排污权的保护成本超过其所能获得的经济补偿时，上游地区将放弃对于排污权的保护，致使河流污染重新陷入"公地悲剧"的困境，并最终导致河流污染治理跨界补偿机制的失效。

因此在短期内，政府推动下的河流污染治理跨界补偿是一个比较可行且有效的方案。在具体措施上，可依据"谁受益，谁补偿"原则，打破现有地方行政区划的边界，以下游地区出资为主建立河流污染治理跨界补偿基金，用于全流域特别是上游经济不发达地区河流污染的治理。在资金来源上，可参考以下渠道或加之以综合运用：

其一，下游地方政府财政支出中用于环境治理投资的资金。经济发达程度相对较高的下游地方政府每年都会对本地区环境污染治理投入大量的资金。以2014年数据为例，海河、长江两大水系下游的北京市、天津市、上海市和江苏省当年完成的环境污染治理投资总额分别约为624亿元、280亿元、250亿元和880亿元，环境污染治理投资占GDP比重分别达到2.93%、1.77%、1.06%和1.35%，投入力度不可谓不大。[①] 但这种投入总体上属于对环境污染的"终端治理"，即上游污染在先、下游治理在后。其实际效果往往是投资大、效果差。假设从这些下游省市每年的环境污染治理投资中提取1%作为河流污染治理跨界补偿基金，则海河水系和长江水系的年度新增补偿基金规模都将以10亿元计。该项资金可

---

① 此处数据来源于2015年的《中国环境统计年鉴》。

能对于北京市、天津市、上海市、江苏省这些经济发达省市的影响相对有限，但对于上游经济落后地区而言却意义非凡，作用巨大。如果将其用于污染源头的治理，则可明显改善相关流域河流的水质状况，起到"事半功倍"之效。

其二，下游地方政府向相关企业收取的排污费。征收排污税费是当前被普遍采用的环境规制政策之一。2003 年 7 月 1 日正式施行的《排污费征收使用管理条例》明确规定，"向水体排放污染物的，按照排放污染物的种类、数量缴纳排污费；向水体排放污染物超过国家或者地方规定的排放标准的，按照排放污染物的种类、数量加倍缴纳排污费"。同时，还规定"排污费的征收、使用必须严格实行'收支两条线'，征收的排污费一律上缴财政"。但是，《排污费征收使用管理条例》并没有对排污费使用对象、范围等做出明确和具体的安排，只是相对笼统地规定对"重点污染源防治""区域性污染防治"和"污染防治新技术、新工艺的开发、示范和应用"进行拨款补助或者贷款贴息。因此，在国家相关部门的统筹下，可考虑从下游地区每年征收的污水排放费中，提取适当比例补充河流污染治理跨界补偿基金，用于全流域的河流污染治理和上游地区水源地环境的保护。

其三，下游地区收取的水资源使用费。水费和水资源使用费是两个有区别的概念：水费是供水单位的生产经营性收入，是用水户有偿用水应支付的费用；水资源使用费是相关单位或个人利用取水工程或者设施直接从江河、湖泊或者地下取用水资源需缴纳的使用费，应上交中央财政和地方财政。2006 年 4 月 15 日开始正式实行的《取水许可和水资源费征收管理条例》明确，除"农村集体经济组织及其成员使用本集体经济组织的水塘、水库中的水""家庭生活和零星散养、圈养畜禽饮用等少量取水""为保障矿井等地下工程施工安全和生产安全必须进行临时应急取（排）水""为消除对公共安全或者公共利益的危害临时应急取水"以及"为农业抗旱和维护生态与环境必须临时应急取水"等特殊情形之外，取水都应该缴纳水资源使用费。水资源使用费征收标准由省级政府价格主管部门会同同级财政部门、水行政主管部门制定，报本级人民政府批准，并报国务院价格主管部门、财政部门和水行政主管部门备案。根据 2013 年国家发改委颁布的《关于水资源费征收标准有关问题的通知》，水资源使用费的征收一般要考虑水资源禀赋、不同产业和行业取用水的差别特点、当地经济发展水平和社会承受能力、地表水和地下水的合理开发利用等因素综合确定。以海河流域下游的北京市和天津市现行水资源使用费的征收标准为例，地表水约为 1.6 元/吨，地下水约为 4 元/吨。按照 2014 年北京市和天津市地表水、地下水使用量估算,征收的水资源使用费大约分别为 93 亿元和 46 亿元。其中,由于地下水资源属地性较强,污染治理的协同性并不突出,因此不应将其纳入河流污染治理跨界补偿基金资金来源范围。地表水主要来源于河流取水,水质状况严重依赖于上游地区对于污染行为的控制和治理,因此可以考虑从地表水资源使用费当中提取适当比例,用于补充河流污染治理跨界补偿基金,以通过对上游地区治污行为提供经济补偿达成河流污染的协同治理目标。仍以北京市和天津市水资源使用费的征收为例,如果从地表水的水资源使用费中提取 10% 的比例,则 2014 年可用于河流污染治理跨界补偿基金的资金规模大约在 4 亿元。

2. 补偿手段:直接补偿,还是间接补偿

河流污染治理跨界补偿的手段大致可以划分为两种:直接补偿,即通过货币补偿为主的方式将补偿资金直接用于河流上游污染地区企业和居民的搬迁以及环境的整治和改造,已达成控制和减少上游地区排污水平的目的;间接补偿,即通过加强上下游地区经济合作提升上游地区生产技术水平,加快产业结构调整,通过发挥技术效应和结构效应控制和减少上游地区的污染物排放。

直接补偿的方式有其自身的优势。这种"点对点"的补偿方式较容易进行成本—收益的核算,容易对补偿资金的使用情况和效果进行必要的监管和评估,短期内容易获得"立竿见影"的补偿效果。因此,直接补偿是当前最容易被上下游地区采纳的方式。例如,"退稻还旱"就是北京市通过向河北省赤城县水源地农民直接提供货币补偿,实现水资源的涵养与保护。与之相类似,"引滦入津"工程重要枢纽于桥水库也曾长期面临库周污染问题。于桥水库周边共计 128 个行政村,2010 年末人口大约 12 万人。[①] 库周村落居民围库养鱼、围库种田,再加上居民生活污水排放,造成库区水质逐年恶化,甚至一度威胁到了天津市区供水安全。天津市政府于 2010 年前后开始实施于桥水库周边居民整体搬迁。根据 2011 年 5 月公布的《蓟县新城规划区占地村及于桥水库库区村搬迁补偿办法》,通过货币补偿的方式对搬迁居民在蓟县新城规划区进行重新安置。具体的补偿标准为,简易房为 100 元/平方米至 600 元/平方米,砖木结构为 600 元/平方米至 1200 元/平方米,砖混、框架结构为 800 元/平方米至 1500 元/平方米,

---

① 汪绍盛,方天纵,笪志祥. 建立农业生态环境补偿机制与保护于桥水库水质安全关系研究 [J]. 海河水利,2010(6).

另地面附着物、青苗、畜禽等也有相应的补偿。此外，根据相关规划，安置区规划面积1347.55公顷，建设还迁安置住宅及配套商业、公建设施325万平方米，计划安置84个村，15542户，54399人。其中，库区村50个，8909户，31179人。截至2015年末，一期移民工作已经基本完成。

但是，"点对点"的直接补偿方式在运作过程中的弊端也逐步暴露，并主要表现在以下几个方面：

首先，下游地区补偿负担沉重。仍以于桥水库水质保护搬迁工程为例，天津市和蓟县政府投资近400亿元兴建了蓟县新城，用于搬迁安置水库库周居民。由于天津市经济相对发达，于桥水库库周自然条件相对优越，城市建设和发展基础也相对较好，因此该政策尚有实施可行性。[①] 但如果将上述补偿政策推广到其他水源地，或是自然条件和城市建设基础不佳的地区，则毫无疑问将加重下游地区经济负担，其政策实施的可复制性和可持续性可能相对较差。

其次，补偿主体运作效率相对偏低。上下游地区的地方政府往往是河流污染治理过程中的实施货币补偿的主体。众所周知，政府的运作效率往往低于企业，因此，在市场经济条件下只要不存在"市场失灵"，能交给企业运作的就不应交于政府。具体到河流污染协同治理问题，作为直接补偿的主体，地方政府在其具体运作过程中往往存在以下问题：信息不对称问题，即下游地方政府不一定准确了解上游污染产生的真正根源和亟须解决的关键问题，补偿对象往往存在偏差；理性假设问题，即上下游地方政府人为设定的补偿和治理方案，不一定建立在准确预期基础之上，政策设计本身往往存在偏差；规制俘虏问题，即在补偿资金的使用上可能存在"寻租"；行为短期化问题，即地方政府任期短期化导致河流污染治理的短期化，往往是"一人一策""人走政息"，补偿资金的提供和使用缺乏稳定性和持续性。[②]

再次，水源地经济自身"造血"功能依然缺失。前些年，在中国一些地方曾经出现"退田还湖"工程实施之后，搬迁农民由于不适用迁入地区生产生活方式，重新返贫的现象。究其原因，主要在于直接的货币补偿并没有从根本上改变上游水源地经济自身存在的"低效、高排、重污染"的生产方式和结构特征。仅仅依靠货币补偿，并不能真正形成依靠清洁高效生产发展经济的"造血"功

---

① 由于蓟县新城一期刚刚建成，实际上具体政策执行效果仍有待检验。

② 以上四点表现实际上可统统归为"政府失灵"，不仅存在于河流污染协同治理过程中，也存在于政府参与经济运行的其他方面，只不过具体表现形式有所差异。

能。一旦货币补偿"输血"停止，要么是"穿新鞋，走老路"，重新通过牺牲环境发展经济，要么就只能"因水致贫"，使水源地居民生计和地区经济发展受到影响。因此，直接不尝试并不能从根本上解决水源地环境保护与地区经济发展之间存在的矛盾冲突，本质上也不契合河流污染协同治理的根本目标。

最后，存在逆向激励问题。一项制度设计应该遵循"奖勤罚懒"的基本原则，对技术水平先进、运作效率高的市场主体给予必要的激励，对技术和效率相对落后的主体给予必要的惩罚，以致将其淘汰。只有"优胜劣汰"的正向激励，才符合市场经济和市场竞争的基本规律。但是，包括河流污染治理在内的跨界直接补偿基本上都存在逆向激励问题，即补偿对象往往选择污染严重、污染治理紧迫性强的地区。对于污染相对偏轻或者自身治污能力强、投资大、效果好的地区，则不仅获得补偿的概率偏低，所获得的补偿金额也往往相对较少。"能闹的孩子有奶吃"现象使得河流上游地区实际上并不真正具备治污、控污的动机，这也是河流污染治理"摁下葫芦起了瓢"，最终难以完全根治的重要原因。

因此，除了对上游地区进行直接货币补偿之外，还应逐步通过开展地区经济合作，加强河流上下游地区经济一体化和协同性，通过开展间接补偿实现河流污染的协同治理。第一，间接补偿方式主要通过加强地区间经济合作方式实现协同治理目标，如果政策和机制设计适当，上下游地区双方都能够从间接补偿中获益，实现"双赢"，由此可有效减轻货币补偿过程中下游地区的补偿负担；第二，参与间接补偿的主体主要是上下游地区的企业，一般情况下企业运作效率往往高于政府，因此在间接补偿方式下，相关资金的使用和实际运行效率应该高于直接补偿；第三，加强地区经济合作，实现地区经济协同发展能够有效提升上游地区生产技术水平，加快产业结构调整，变直接"输血"为间接"造血"，相对于直接的货币补偿更有助于实现上游地区环境保护与经济发展双目标的协调统一；第四，间接补偿方式有利于刺激上游地区相关企业自身通过技术改造等方式提升生产效率，以吸引下游企业更多的投资，从而在一定程度上可以解决直接补偿过程中存在的逆向激励问题，更加符合"优胜劣汰"的市场经济基本原则。

综上所述，间接补偿方式属于"慢工"，治污效果肯定不如直接补偿方式"立竿见影"。但从长期来看，间接补偿更易于实现上下游地区的合作共赢，更有利于上下游地区环境保护与经济发展双目标的协调统一，也更有利于河流污染协同治理的可持续开展。①

二、惩罚机制：处罚力度、诉讼制度与执法体系

河流污染协同治理过程中的惩罚机制主要是指依据法律法规相关规定，通过限期整改、罚款、停产整顿、停业、关闭、追究刑事责任等方式对拒绝接受监督检查、未批先建、违规建设、瞒报漏报、偷排乱排、超标排污等违法违规行为依法进行的处罚。相关理论研究已经证明，单纯依靠跨界补偿激励机制并不能在上下游地区间达成稳定的河流污染协同治理关系。无论处于何种经济空间结构，惩罚机制都是使协同治理成为稳态的必要条件。一套有效的惩罚机制需要强有力的处罚力度与有效的执法体系相互配合。一旦由于处罚力度不足和执法体系低效造成排污方采取机会主义行为所获收益超过其遭受处罚所承担的成本时，惩罚机制本身将会失效，河流污染协同治理目标最终也难以实现。为此，需要从加大处罚力度、强化民事诉讼和创新执法体系三个方面做好工作。

1. 鼓励性惩罚与处罚力度的加大

从立法层面来讲，对于水污染行为的处罚力度呈现逐步加重的态势。例如，2008 年修订的《水污染防治法》对于"排放水污染物超过国家或者地方规定的水污染物排放标准，或者超过重点水污染物排放总量控制指标的"行为做出规定，"由县级以上人民政府环境保护主管部门按照权限责令限期治理，处应缴纳排污费数额 2 倍以上 5 倍以下的罚款"。其中，"限期治理的期限最长不超过一年；逾期未完成治理任务的，报经有批准权的人民政府批准，责令关闭"。2015 年通过的"水十条"则进一步严格，规定"逐一排查工业企业排污情况，达标企业应采取措施确保稳定达标；对超标和超总量的企业予以'黄牌'警示，一律限制生产或停产整治；对整治仍不能达到要求且情节严重的企业予以'红牌'处罚，一律停业、关闭"。同时，"水十条"还首次提出对于"不正常使用水污染物处理设施，或者未经批准拆除、闲置水污染物处理设施""环境影响评价领域越权审批、未批先建、边批边建、久试不验"等环境违法行为可追究刑事责任，而并非如《水污染防治法》规定仅进行相应的经济处罚和行政处罚。2015

---

① 实际上，本书关于经济空间结构与河流污染协同治理关系的研究结论已经暗含证明了间接补偿方式实施的可行性和必要性。

年1月1日开始施行修订后的《环境保护法》则提出，对环境违法行为查处后拒不改正的，"依法作出处罚决定的行政机关可以自责令改正之日的次日起，按照原处罚数额按日连续处罚"，进一步加大了环境违法行为处罚力度。

但需要注意的是，环境违法行为特别是事关河流污染的环境违法行为，其本身具有较强的隐蔽性，并由此导致行为被发现和查处的概率相对偏低。假设某企业通过私设排污管道等违法手段向河流超标排放污水，其被发现的概率为20%，则至少也应处以5倍的罚款，才能抵消掉其环境违法行为所获得的收益。现有法律规定的"应缴纳排污费数额一倍以上三倍以下的罚款"显然处罚力度明显不足。河流污染违法行为的隐蔽性导致查处概率偏低，从而引致违法成本经常低于违法收益，使得现有法律法规在某种程度上具有了鼓励性惩罚性质。因此，在加大环境监管力度以提高环境违法行为查处概率的同时，还应该继续加大处罚力度，使相关企业采取环境违法行为的"收益成本比"真正"倒挂"，发挥法律本身惩罚性赔偿的作用，对河流污染行为形成真正的震慑。

2. 追责形式单一与集体诉讼制度

包括河流污染行为在内，当前针对环境违法行为以行政处罚为主、刑事追责为辅，少见民事赔偿。上游地区实施的河流污染行为，将导致河流整个沿岸地区居民生活用水和企业生产用水受到影响，严重的甚至出现居民断水、企业停产现象，"癌症村"在一些地区也屡见不鲜。在现有机制中，真正的受害主体却"置身度外"，并没有参与到环境损害赔偿过程中，该现象有悖常理。

究其原因，主要在于中国环境执法领域集体诉讼制度的缺失。涉嫌河流污染在内的环境违法诉讼，基本上属于民事诉讼范畴。中国现有民事诉讼大多以个人诉讼为主。针对河流污染行为的个人诉讼存在诉讼成本高、举证困难、赔偿金额低等一系列问题，因此受害人经常选择"息事宁人"，放弃对违法行为的追究和对自身权益的维护。河流污染行为往往具有"一对多"特征，即一个污染主体对数量众多的企业或个人权益造成损害，这在某种意义上已经具备实施集体诉讼的基本条件。因此，建议在涉嫌河流污染行为的相关案件中引入和建立集体诉讼制度，由专业代表人代表全体或大部分污染受害人对实施河流污染的行为人提起民事赔偿。其作用有三：其一，保护河流污染行为受害主体的权益；其二，分担行政执法部门的执法压力和执法成本；其三，加大对河流污染行为的追责和处罚力度，提高违法成本。

3. 地方保护与执法体系的创新

在执法层面，河流污染协同治理过程中面临的主要问题是属地执法机构的地方保护和流域执法机构的执法能力偏弱。

当前，中国对于环境违法行为大多依据分级管理与属地管理相结合，并以属地管理为主的原则进行执法。例如，2008 年修订的《水污染防治法》规定，对于未批先建、拒报谎报、偷排超排等行为由县级以上地方人民政府环境保护主管部门作为执法主体，采取限期整改、罚款、停产整顿、停业、关闭等强制措施予以处罚。属地执法虽然符合"谁管理，谁负责"的基本原则，责权相对明确，但在地方经济利益驱使下，在具体执法过程中往往存在查处不严、执法偏松的情况。

同时，作为水利部派出机构，中国各主要流域均设有流域管理机构，如海河流域的海河水利委员会等。但是，这些机构的主要职责仅限于组织编制和监督实施流域内或流域跨省江河湖泊的流域综合规划及有关的专业或专项规划，拟订流域性的水利政策法规，组织编制流域水资源保护规划，组织拟订并监督实施跨省江河湖泊的水功能区划，核定水域纳污能力，提出限制排污总量意见，授权范围内入河排污口设置的审查许可等事项。其行政执法权力也仅限于查处水事违法行为和负责省际水事纠纷的调处工作。在整个针对河流污染环境违法行为的执法体系中，处于次要和弱势地位。

属地执法机构的地方保护和流域管理机构的执法能力偏弱进一步降低了机会主义行为的违法违规成本，致使河流污染事件频发。因此需要通过执法体系创新，重点根治环境执法过程中的地方保护主义，强化流域管理机构的执法能力，真正有效发挥河流污染协同治理中惩罚机制的作用。

相对于现有属地管理的执法体系，上一级环境执法机构"一手托两家"，能够兼顾上下游地区双方利益诉求。因此，建议依据"高位执法"原则，由涉嫌违法行为主体的上一级执法机构作为执法主体，对相关行为进行审查和处罚。也就是说，如果跨界河流污染行为发生于县与县之间的，则由市级环境保护部门作为执法主体；如果行为发生于市与市之间的，则由省级环境保护部门作为执法主体，并以此类推。同时，建议赋予流域管理机构更大的执法和裁决权利，使其执法权力由"虚"变"实"。至少有两面权力可以考虑逐步赋予流域管理机构：其一，水污染冲突的仲裁权，即流域管理机构作为仲裁机构协调解决流域内跨地区水污染冲突；其二，河流污染违法行为执法的监督权和最终执法权，即流域管理机构对省级环境保护主管部门河流污染违法行为的执法结果进行监督，对省级环境保护主管部门执法结果存在争议的做出最终裁决。

三、合作机制：经济联系与产业衔接

包括海河流域在内，中国主要河流存在的"下富上贫"经济空间结构特征为实现河流污染协同治理提供了必要条件。与之对应，从"量"上加强上下游地区间经济联系，从"结构"上增强产业衔接成为实现河流污染协同治理的又一重要路径。这也是本书所证明和获得的重要结论。

具体到水质状况最差的海河流域，京津冀协同发展上升为国家级战略为河流污染协同治理的实现提供了重要契机。

2014年2月26日，习近平在北京主持召开座谈会，专题听取京津冀协同发展工作汇报，就推进京津冀协同发展提出7点要求，其中，环境保护合作和污染治理被作为重要一环被特别强调：要着力扩大环境容量生态空间，加强生态环境保护合作，在已经启动大气污染防治协作机制的基础上，完善防护林建设、水资源保护、水环境治理、清洁能源使用等领域合作机制。同时，习近平特别强调要着力加大对协同发展的推动，自觉打破自家"一亩三分地"的思维定式，抱成团朝着顶层设计的目标一起做，充分发挥环渤海地区经济合作发展协调机制的作用；着力加快推进产业对接协作，理顺三地产业发展链条，形成区域间产业合理分布和上下游联动机制；加快推进市场一体化进程，下决心破除限制资本、技术、产权、人才、劳动力等生产要素自由流动和优化配置的各种体制机制障碍，推动各种要素按照市场规律在区域内自由流动和优化配置。京津冀协同发展战略的提出为加强海河流域城市间经济联系和产业衔接提供了重要契机，也为海河流域河流污染协同治理的实现创造了良好的环境。

在此基础上，2015年印发的《京津冀协同发展规划纲要》进一步明确将交通一体化、产业升级转移和生态环境保护作为重点领域，推进京津冀协同发展战略的实施。其中，在交通一体化方面重点建设高效密集轨道交通网，完善便捷通畅公路交通网，打通国家高速公路"断头路"，全面消除跨区域国省干线"瓶颈路段"，提升区域一体化运输服务水平；在推动产业升级转移方面重点明确产业定位和方向，加快产业转型升级，推动产业转移对接，加强三省市产业发展规划衔接，制定京津冀产业指导目录，加快津冀承接平台建设，加强京津冀产业协作；在生态环境保护方面重点是联防联控环境污染，建立一体化的环境准入和退出机制，加强环境污染治理，实施清洁水行动，大力发展循环经济，推进生态保护与建设。交通一体化对于经济联系紧密程度的提升，产业升级转移对于产业互补与衔接程度的加强，都有助于生态环境保护过程中联防联控机制的建立和河流污染协同治理工作的开展。

2016年2月，中国第一个跨省市的区域五年发展规划——《"十三五"时期京津冀国民经济和社会发展规划》印发实施，将《京津冀协同发展规划纲要》内容实化细化，统筹规划了"十三五"期间京津冀地区经济发展、社会民生、改革开放等重点领域发展任务。其中，再次将交通互联互通、产业转型升级、环境协同治理列为推进京津冀协同发展的重点任务，重点进行安排落实。毫无疑问，随着重点领域一系列政策措施的推进，海河流域河流污染协同治理工作的开展将具备更好的政策环境，迎来更广阔的合作空间。

为实现河流污染的协同治理，需要进一步加强和推进流域内城市间的经济联系和产业衔接程度，具体的建议措施包括以下几个方面：

1. 建立跨区域经济合作协调机制

建议在流域内部上下游之间建立旨在加强地区经济一体化合作的协调沟通机制，具体可考虑成立合作委员会负责地区间合作事项的协调沟通工作。

中国现有地方行政管理体系基本实行的是省—市—县—乡四级建制。其中，省一级政府对本省范围内的行政事务具有比较充分的决策权、执行权和监督权，省域内部经济一体化程度相对较高，相关问题的协调沟通也较为容易。省际之间由于同属一级行政级别，协调程度较低，政策沟通也较为困难。因此，流域经济发展合作委员会应该在国务院领导下，在省际政府部门之间建立。

在人员构成和组织设置上，可考虑设立理事会作为合作委员会的最高决策机构，至少由相关省份副省级官员轮流担任理事长。理事会之下可考虑设立财政、国土、发展、环境、交通、民政、教育、卫生等分理事会，由相关省份部门负责人轮流担任理事，具体负责处理本领域范围内的跨省协作事项。同时设立秘书处，作为常设机构处理流域经济发展合作委员会日常事务，秘书长负责秘书处的日常工作，并向理事会负责。

在运作机制上，除秘书处具体负责处理流域经济发展合作委员会日常事务之外，采取定期与不定期相结合的方式召开理事会和分理事会。理事会可考虑每年或每半年定期召开一次，负责拟订跨地区合作总体方针，处理跨地区合作重大事项；分理事会可考虑每季度或每月定期召开一次，负责具体落实跨地区经济合作规划与政策，协调处理跨地区合作具体事务。同时，相关负责人还可不定期召集特别理事会和分理事会，对相关重大事项进行临时沟通与协商。

2. 加大流域内跨地区金融财税支持力度

在金融支持方面，应当鼓励流域内不同地区城市商业银行、农村商业银行等银行金融机构在对方地区设立机构，开展金融业务；鼓励经济发达下游地区加大对上游有市场发展前景的先进制造业、战略性新兴产业、现代信息技术产业、现代农业、传统产业改造升级以及绿色环保等领域投资的资金支持力度，加快上游经济落后地区产业结构调整和生产技术的改造升级；通过跨地区联合信贷支持方式，重点支持流域内跨地区交通基础设施建设和城市基础设施、环保重点工程的建设、改造、升级；支持经济发达地区地方政府建立流域内跨地区信贷风险补偿基金，加强跨地区信贷和经营信用体系建设。

在财税支持方面，清理整顿和规范流域内跨地区商品贸易流通公路收费，降低商品贸易流通税费水平；鼓励流域内先进制造业、战略性新兴产业、现代信息技术等相关行业企业跨地区投资建厂，在降低税率、税收减免、提高税收起征点和提高固定资产折旧率等方面予以必要的税收优惠。

3. 鼓励企业流域内跨地区兼并重组

流域内跨地区经济合作应该遵循"政府推动，市场主导"的原则推进，相关企业而非政府应该成为跨地区合作的主体。在这个过程中，政府部门应该鼓励相关企业开展流域内跨地区兼并重组，促进经济落后、排污水平高的地区生产技术改进和产业结构升级。

在政策措施上，相关地方政府要清理废止各种不利于企业开展跨地区兼并重组的"土政策""土办法"，减少企业开展跨地区兼并重组的体制障碍；上下游地区间可根据企业资产规模和盈利能力，签订企业兼并重组后的财税利益分成协议，妥善解决企业跨地区兼并重组后工业增加值等统计数据的归属问题，实现企业兼并重组成果共享；加大相关地区金融机构对于企业开展流域内跨地区兼并重组的信贷支持力度，切实落实鼓励企业兼并重组的税收优惠政策；中央政府和流域内经济发达地区设立专项资金，通过技改贴息、职工安置补助等方式为企业开展跨地区兼并重组，关停并转高排污企业提供资金支持；完善经济落后高排污地区的相关土地管理政策，对于流域内经济发达地区企业兼并重组本地区企业的，在划拨土地等方面适当放宽条件，并考虑以土地作价出资或入股等方式参与企业利润分成；加大科技创新支持力度，优先安排技术改造资金支持流域内跨地区兼并重组后的企业开展技术改造升级、生产流程工艺创新和产品结构调整，严查以跨地区兼并重组为名进行高污染、高排放产业投资建设和低水平重复建设；提供公共服务平台，拓宽企业信息交流渠道，做好企业流域内跨地区兼并重组的信息服务工作。

4. 加快流域内跨地区统一市场建设

加快包括商品、服务、人员在内的统一市场建设，是加强上下游地区经济联系，进而促进产业衔接和高排污地区产业结构转型升级的关键，是从经济空间结构视角促进和实现河流污染协同治理的又一基础性工作。

在政策措施上，要加强地方行政垄断查处力度，落实公平竞争审查制度，清理废止各种不利于商品和服务实现跨地区流通、流动的地方歧视性政策，坚决取消各地区自行出台的限制外地商品和服务流入本地区市场的规定；加强流域内跨地区商贸物流网络建设，提升商品物流专业化、信息化、社会化、标准化水平，提高商品跨地区流通效率；加强交通基础设施、区域电子商务平台、信息沟通交互平台建设，改善流域内跨地区统一市场所需的硬件条件；改善市场监管方式，在流域内实行跨地区市场准入负面清单制度，简化跨地区商品和服务流通审批程序，缩小审批范围；清理影响和限制跨地区人员流动的政策，在户籍管理、招生考试、社会保障等方面有计划地逐步实现区域一体化，促进人员要素的流动。

第三节　研究拓展方向

关于经济空间结构与河流污染协同治理相关问题的研究，仍可从以下几方面进行拓展：

（1）在研究视角上，本书聚焦河流污染协同治理过程中上下游地区间的关系。但除了地区间关系的协同之外，河流污染治理过程还会涉及一个地区内部政府、企业、居民之间关系的协同。未来研究可将视角进一步拓展，考察经济空间结构对于区域内部特定主体行为的选择影响及其可能产生的均衡结果。

（2）在研究假设上，本书将河流上下游地区经济空间结构抽象成"点—线"关系，即上下游地区各自仅存在一个行为主体。但实际上，河流上下游地区之间的经济空间结构可能远较之更为复杂。也就是说，河流污染的协同治理不仅涉及上下游地区，还可能涉及上游与上游或下游与下游之间的多方博弈。复杂经济空间结构条件下河流污染的协同治理问题仍有待通过修订博弈参与人结构关系予以拓展。

（3）在代理变量上，本书选择引力模型结果和产业同构系数等指标表示上下游地区的经济空间结构关系，运用工业废水排放数据表示排污水平，测度地区间工业废水排放相关系数表示协同减排效应。今后研究可进一步完善和修正相关代理变量，以使研究结论更具稳健性。

（4）在研究对象上，本书重点探究了海河流域主要城市经济空间结构与污染减排协同性、经济空间结构与环境规制政策有效性的关系。相关研究结论能否拓展到中国其他流域的河流污染协同治理过程，能否拓展到如大气污染等其他污染物类型，仍有待进一步检验。

参考文献

［1］包群，彭水军．经济增长与环境污染：基于面板数据的联立方程估计［J］．世界经济，2006（11）：48－58.

［2］包群，邵敏，杨大利．环境管制抑制了污染排放吗？［J］．经济研究，2013（12）：42－54.

［3］蔡昉，都阳，王美艳．经济发展方式转变与节能减排内在动力［J］．经济研究，2008（6）：4－11.

［4］曹洪军，刘颖宇．我国环境保护经济手段应用效果的实证研究［J］．理论学刊，2008（12）：50－53.

［5］崔晶，孙伟．区域大气污染协同治理视角下的府际事权划分问题研究［J］．中国行政管理，2014（9）：11－15.

［6］戴辉，党兴华．工业清洁生产的环境政策效果分析［J］．环境保护，1999（3）：8－11.

［7］董文福，李秀彬．密云水库上游地区"退稻还旱"工程对当地农民生计的影响［J］．资源科学，2007（2）：21－27.

［8］樊福卓．一种改进的产业结构相似度测度方法［J］．数量经济技术经济研究，2013（7）：98－115.

［9］郭腾云，徐勇，马国霞，王志强．区域经济结构理论与方法的回顾［J］．地理科学进展，2009（1）：111－118.

［10］郭玉华，杨琳琳．跨界水污染合作治理机制中的障碍剖析——以嘉兴、苏州两次跨行政区水污染事件为例［J］．环境保护，2009（6）：14－16.

［11］郭志，周新苗，王鹏．环境政策对中国经济可持续性影响分析——基于 CGE 模型［J］．上海经济研究，2013（7）：70－80.

［12］韩超，胡浩然．清洁生产标准规制如何动态影响全要素生产率——剔除其他政策干扰的准自然实验分析［J］．中国工业经济，2015（5）：70－82.

[13] 贺灿飞，张腾，杨晟朗. 环境规制效果与中国城市空气污染 [J]. 自然资源学报，2013（10）：1651 - 1663.

[14] 黄斌欢，杨浩勃，姚茂华. 权力重构、社会生产与生态环境的协同治理 [J]. 中国人口·资源与环境，2015（2）：105 - 110.

[15] 黄芳. 京冀地区水资源补偿的制度、实践与理论研究——从卡尔多—希克斯效率到帕累托改进 [J]. 河北经贸大学学报，2014（2）：110 - 114.

[16] 黄清煌，高明. 中国环境规制工具的节能减排效果研究 [J]. 科研管理，2016（6）：19 - 27.

[17] 库尔特·多普佛. 经济学的演化基础 [M]. 锁凌燕译. 北京：北京大学出版社，2011.

[18] 李胜，陈晓春. 基于府际博弈的跨行政区流域水污染治理困境分析 [J]. 中国人口·资源与环境，2011（12）：104 - 109.

[19] 李胜. 构建跨行政区流域水污染协同治理机制 [J]. 管理学刊，2012（3）：98 - 101.

[20] 李树，陈刚. 环境管制与生产率增长——以 APPCL2000 的修订为例 [J]. 经济研究，2013（1）：17 - 31.

[21] 李伟伟. 中国环境治理政策效率、评价与工业污染治理政策建议[J]. 科技管理研究，2014（17）：20 - 26.

[22] 李永友，沈坤荣. 我国污染控制政策的减排效果——基于省际工业污染数据的实证分析 [J]. 管理世界，2008（7）：7 - 17.

[23] 李正升. 从行政分割到协同治理：我国流域水污染治理机制创新[J]. 学术探索，2014（9）：57 - 61.

[24] 梁伟，朱孔来，姜巍. 环境税的区域节能减排效果及经济影响分析 [J]. 财经研究，2014（1）：40 - 49.

[25] 刘晔，周志波. 完全信息条件下寡占产品市场中的环境税效应研究 [J]. 中国工业经济，2011（8）：5 - 14.

[26] 刘春湘，李乐. 湘江流域协同治理缺失分析与因应之策 [J]. 湖南师范大学社会科学学报，2014（3）：80 - 84.

[27] 马海良，匄鑫宇，李丹. 基于污染指数法的太湖流域水污染治理效果分析 [J]. 生态经济，2014（10）：183 - 185 + 189.

[28] 马强，秦佩恒，白钰，曾辉. 我国跨行政区环境管理协调机制建设的

策略研究［J］．中国人口·资源与环境，2008（5）：133－138．

［29］马媛，尹华，崔巍．环境规制方式与环境规制效果的关系研究［J］．环境科学与管理，2015（8）：1－4．

［30］彭熠，周涛，徐业傲．环境规制下环保投资对工业废气减排影响分析——基于中国省级工业面板数据的 GMM 方法［J］．工业技术经济，2013（8）：123－131．

［31］齐亚伟．区域经济合作中的跨界环境污染治理分析——基于合作博弈模型［J］．管理现代化，2013（4）：43－45．

［32］施祖麟，毕亮亮．我国跨行政区河流域水污染治理管理机制的研究——以江浙边界水污染治理为例［J］．中国人口·资源与环境，2007（3）：3－9．

［33］孙冬营，王慧敏，牛文娟．基于图模型的流域跨界水污染冲突研究［J］．长江流域资源与环境，2013（4）：455－461．

［34］孙早，屈文波．中国环境立法管制的生产率增长效应研究［J］．干旱区资源与环境，2016（11）：1－6．

［35］唐兵，杨旗．协同视角下的湖泊水污染治理——以鄱阳湖水污染治理为例［J］．理论探索，2014（5）：86－89．

［36］汤韵，梁若冰．两控区政策与二氧化硫减排——基于倍差法的经验研究［J］．山西财经大学学报，2012（6）：9－16．

［37］托马斯·思德纳．环境与自然资源管理的政策工具［M］．张蔚文，黄祖辉译．上海：上海三联出版社，2005．

［38］王红梅．中国环境规制政策工具的比较与选择［J］．中国人口·资源与环境，2016（9）：132－138．

［39］王俊豪．管制经济学原理［M］．北京：高等教育出版社，2014．

［40］王敏，冯宗宪．排污税能够提高环境质量吗［J］．中国人口·资源与环境，2012（7）：73－77．

［41］王永钦，孟大文．代理人有限承诺下的规制合约设计——以环境规制为例［J］．财经问题研究，2006（1）：33－37．

［42］汪国华．淮河流域环境污染治理的多重博弈与永续发展［J］．现代经济探讨，2010（11）：35－39．

［43］汪小勇，万玉秋，姜文，朱晓东，缪旭波，李杨帆．中国跨界水污染冲突环境政策分析［J］．中国人口·资源与环境，2011（3）：25－29．

［44］魏守科，雷阿林，Albrecht Gnauck. 博弈论模型在解决水资源管理中利益冲突的运用［J］. 水利学报，2009（8）：910－918.

［45］吴建南，徐萌萌，马艺源. 环保考核、公众参与和治理效果：来自31个省级行政区的证据［J］. 中国行政管理，2016（9）：75－81.

［46］徐盈之，杨英超. 环境规制对我国碳减排的作用效果和路径研究——基于脉冲响应函数的分析［J］. 软科学，2015（4）：63－66＋89.

［47］徐志伟. 工业经济发展、环境规制强度与污染减排效果——基于"先污染，后治理"发展模式的理论分析与实证检验［J］. 财经研究，2016（3）：134－144.

［48］徐志伟，张桂娇. 多目标条件下的水资源利用效率与需水阈值关系研究——以京津冀地区生产用水为例［J］. 城市发展研究，2013（1）：113－119.

［49］薛红燕，王怡，孙菲，孙裔德. 基于多层委托—代理关系的环境规制研究［J］. 运筹与管理，2013（6）：249－255.

［50］严燕，刘祖云. 风险社会理论范式下中国"环境冲突"问题及其协同治理［J］. 南京师范大学学报（社会科学版），2014（3）：31－41.

［51］易志斌，马晓明. 论流域跨界水污染的府际合作治理机制［J］. 社会科学，2009（3）：20－25.

［52］余璐，李郁芳，陆昂. 跨界水污染防治中地方政府议价机制研究［J］. 生态经济，2013（3）：33－36.

［53］虞锡君. 太湖流域跨界水污染的危害、成因及其防治［J］. 中国人口·资源与环境，2008（1）：176－179.

［54］张超. 我国跨界公共问题治理模式研究——以跨界水污染治理为例［J］. 理论探讨，2007（6）：140－142.

［55］张帆，夏凡. 环境与自然资源经济学［M］. 上海：上海三联出版社，2016.

［56］张建肖，刘世伟. 流域间跨区污染的治理博弈分析——以陕南秦巴山南水北调中线工程水源涵养地为例［J］. 西南林学院学报，2008（4）：126－128＋141.

［57］张俊. 导向型环境政策对企业技术选择及其生产率的影响——来自中国发电行业的经验证据［J］. 财经研究，2016（4）：134－144.

［58］张彦波，佟林杰，孟卫东. 政府协同视角下京津冀区域生态治理问题

研究［J］．经济与管理，2015（3）：23－26．

［59］张友国，郑玉歆．中国排污收费征收标准改革的一般均衡分析［J］．数量经济技术经济研究，2005（5）：3－16．

［60］赵来军，李怀祖．流域跨界水污染纠纷对策研究［J］．中国人口·资源与环境，2003（6）：52－57．

［61］周愚，皮建才．区域市场分割与融合的环境效应：基于跨界污染的视角［J］．财经科学，2013（4）：101－110．

［62］AleriniA.，D. Austin. Accidents Waiting to Happen：Liability Policy and Toxic Pollution Releases［J］．Review of Economics & Statistics，2002，84（4）：729－741.

［63］Anderson T.，H. Cheng. Estimation of Dynamic Models with Error Components［J］．Journal of the American Statistical Association，1981，76（375）：598－606.

［64］Anselin L.. Local Indicators of Spatial Association－LISA［J］．Geographical Analysis，1995，27（2）：93－115.

［65］Asheim B.，C. Froyn，J. Hovi，F. Menz. Regional Versus Global Cooperation for Climate Control［J］．Journal of Environmental Economics and Management，2006，51（1）：93－109.

［66］Barrett S.. Increasing Participation and Compliance in International Climate Change Agreement［J］．International Environmental Agreements：Politics，Law and Economics，2003，3（4），349－376.

［67］Bayramoglu B.. Transboundary Pollution in the Black Sea：Comparison of Institutional Arrangements［J］．Environmental and Resource Economics，2006，35（4）：289－325.

［68］Blundell R.，S. Bond. Initial Conditions and Moment Restrictions in Dynamic Panel Data Models［J］．Journal of Econometrics，1998，87（1）：115－143.

［69］Breton M.，L. Sbragia，G. Zaccour. Dynamic Models for International Environmental Agreements［J］．Environmental and Resource Economics，2010，7（2）：234－250.

［70］Cai X. Q.，Y. Lu，M. Wu，L. Yu. Does Environmental Regulation Drive away Inbound Foreign Direct Investment? Evidence from a Quasi－Natural Experiment in

China [J] . Journal of Development Economics, 2016, 123 (11): 73 – 85.

[71] Carraro C. , C. Marchiori. Negotiating on Water: Insights from Non – Cooperative Bargaining Theory [J] . Environment and Development Economics, 2007, 12 (2): 329 – 349.

[72] Dasgupta S. . Surviving Success: Policy Reform and the Future of Industrial Pollution in China [J] . Policy Research Working Paper, 1997: 1 – 58.

[73] Diamantoudi E. , E. Sartzetakis. Stable International Environmental Agreements: An Analytical Approach [J] . Journal of Public Economic Theory, 2006, 8 (2): 247 – 263.

[74] Dockner E. , K. Nishimura. Transboundary Pollution in a Dynamic Game Model [J] . The Japanese Economic Review, 1999, 50 (4): 443 – 456.

[75] Eleftheriadou E. , Y. Mylopoulos. Game Theoretical Approach to Conflict Resolution in Transboundary Water Resources Management [J] . Water Resource Manage, 2008, 134 (5): 466 – 473.

[76] ErismanJ. , A. Hensen. A Game to Develop the Optimal Policy to Solve the Dutch Nitrogen Pollution Problem [J] . Journal of the Human Environment, 2002, 31 (2): 190 – 196.

[77] Fernandez L. . Marine Shipping Trade and Invasive Species Management Strategies [J] . International Game Theory Review, 2006, 8 (1): 153 – 168.

[78] Fernandez L. . Solving Water Pollution Problems along the US – Mexico Border [J] . Environment and Development Economics, 2002, 7 (8): 715 – 732.

[79] Fernandez L. . Wastewater Pollution Abatement across An International Border [J] . Environment and Development Economics, 2009, 14 (1): 67 – 88.

[80] Giorgio G. , F. Ouardighi, K. Kogan, S. Marcello. A Two – Player Differential Game Model for the Management of Transboundary Pollution and Environmental Absorption [J] . 45th Annual Conference of the Italian Operational Research Society, 2015 (9): 118 – 196.

[81] Greenstone M. , R. Hanna. Environmental Regulations, Air and Water Pollution, & Infant Mortality in India [J] . American Economic Review, 2011, 104 (10): 1573 – 1576.

[82] Gromova E. , K. Plekhanova. A Differential Game of Pollution Control with

Participation of Developed and Developing Countries [M]. St Petersburg State University, 2015 (8): 64 – 83.

[83] Hamouda I., D. M. Kilgour, K. W. Hipel. Strength of Preference in Graph Models for Multiple – Decision – Maker Conflicts [J]. Applied Mathematics and Computation, 2006, 179 (1): 314 – 327.

[84] Ho M., R. Garbaccio, D. Jorgenson. Controlling Carbon Emissions in China [J]. Environment & Development Economics, 1999, 4 (4): 493 – 518.

[85] John A. L., C. F. Mason. Optimal Institutional Arrangements for Transboundary Pollutants in a Second – Best World: Evidence from a Differential Game with Asymmetric Players [J]. Journal of Environmental Economics and Management, 2001, 42 (3): 277 – 296.

[86] Jorgensen S.. Dynamic Game of Waste Management [J]. Journal of Economic Dynamics & Control, 2010, 34 (2): 258 – 265.

[87] Kempfert C.. Climate Policy Cooperation Games Between Developed and Developing Nations: A Quantitative Applied Analysis [J]. The Coupling of Climate and Economic Dynamics: Essays on Integrated Assessment, 2005 (22): 145 – 171.

[88] Kolabutin N.. Two – Level Cooperation in the Game of Pollution Cost Reduction [J]. Mathematical Journals, 2014, 25 (8): 3 – 36.

[89] Krawczyk B.. Coupled Constraint Nash Equilibria in Environmental Games [J]. Resource and Energy Economics, 2005, 27 (2): 157 – 181.

[90] Labriet M., R. Loulou. How Crucial is Cooperation in Mitigating World Climate? Analysis with World – Market [J]. Computational Management Science, 2008, 5 (1): 67 – 94.

[91] Lynne L., S. Bennett, E. Ragland, P. Yolles. Facilitating International Agreements through An Interconnected Game Approach: The Case of River Basins Conflict and Cooperation on Trans – Boundary Water Resources [J]. Natural Resource Management and Policy, 1998, 27 (11): 61 – 85.

[92] Moser P., A. Voena. Compulsory Licensing: Evidence from the Trading with the Enemy Act [J]. American Economic Review, 2012, 102 (1): 396 – 427.

[93] Missfeldt C.. Game Theoretic Modelling of Transboundary Pollution [J]. Journal of Economic Surveys, 1999, 13 (3): 287 – 321.

［94］Madani K.. Game Theory and Water Resources ［J］. Journal of Hydrology, 2010, 381（4）: 225 – 238.

［95］Madani K., W. Hipel. Non – Cooperative Stability Definitions for Strategic Analysis of Generic Water Resources Conflicts ［J］. Water Resour Manage, 2011, 25（8）: 1949 – 1977.

［96］Mahjouri N., M. Ardestani. A Game Theoretic Approach for Interbasin Water Resources Allocation Considering the Water Quality Issues ［J］. Environmental Monitoring and Assessment, 2010, 167（1）: 527 – 544.

［97］Mahjouri N., M. Ardestani. Application of Cooperative and Non – Cooperative Games in Large – Scale Water Quantity and Quality Management: A Case Study ［J］. Environmental Monitoring and Assessment, 2011, 172（4）: 157 – 169.

［98］Reimann F., J. Rauer, L. Kaufmann. MNE Subsidiaries' Strategic Commitment to CSR in Emerging Economies: The Role of Administrative Distance, Subsidiary Size and Experience in the Host Country ［J］. Journal of Business Ethics, 2015, 132（2）: 1 – 13.

［99］Rubio S., B. Casino. Self – Enforcing International Environmental Agreements with a Stock Pollutant ［J］. Spanish Economic Review, 2005, 7（2）: 89 – 109.

［100］Shibli A., A. Markandya. Industrial Pollution Control Policies in Asia: How Successful are the Strategies? ［J］. Asian Journal of Environmental Management, 1995, 3（2）: 75 – 96.

［101］Smith J., G. Price. The Logic of Animal Conflict ［J］. Nature, 1973, 246（5427）: 15 – 18.

［102］Tidball M., G. Zaccour. A Differential Environmental Game with Coupling Constraints ［J］. Environmental Modeling & Assessment, 2005, 10（2）: 153 – 158.

［103］Walker W.. Environmental Regulation and Labor Reallocation: Evidence from the Clean Air Act ［J］. American Economic Review, 2011, 101（3）, 442 – 447.

［104］Warner J., N. Zawahri. Hegemony and Asymmetry: Multiple – chessboard Games on Transboundary River ［J］. International Environmental Agreements, 2012,

12 (3): 215 – 229.

[105] Wei S. , Y. Hong, A. Karim, M. Jamshid, G. Albrecht. Game Theory Based Models to Analyze Water Conflicts in the Middle Route of the South – to – North Water Transfer Project in China [J] . Water Research, 2010, 4 (4): 2499 – 2516.

[106] Wirl F. . Do Multiple Nash Equilibria in Markov Strategies Mitigate the Tragedy of The Commons? [J] . Journal of Economic Dynamics & Control, 2007, 31 (11): 3723 – 3740.

[107] Yanase A. . Pollution Control in Open Economies: Implications of Within – Period Interactions for Dynamic Game Equilibrium [J] . Journal of Economics, 2005, 84 (3): 277 – 311.

[108] Yeung D. , L. Petrosyan. A Cooperative Stochastic Differential Game of Transboundary Industrial Pollution [J] . Automatica, 2008, 44 (6): 1532 – 1544.

[109] Zeeuw A. . Dynamic Effects on the Stability of International Environmental Agreements [J] . Journal of Environmental Economics and Management, 2008, 55 (2): 163 – 174.

[110] Zeitouna M. , J. Warner. Hydro – Hegemony: A Framework for Analysis of Trans – boundary Water Conflicts [J] . Water Policy, 2006, 8 (5): 435 – 460.

[111] Zhao L. J. . Model of Collective Cooperation and Reallocation of Benefits Related to Conflicts over Water Pollution Across Regional Boundaries in a Chinese River Basin [J] . Environmental Modelling & Software, 2009, 24 (5): 603 – 610.

后 记

习近平在党的十九大报告中指出，生态文明建设功在当代、利在千秋。我们要牢固树立社会主义生态文明观，推动形成人与自然和谐发展的现代化建设新格局，为保护生态环境做出我们这代人的努力！

作为一名社会科学工作者，在新时代理应扛起身上的担子，为加快生态文明体制改革、建设美丽中国、实现"绿水青山"的奋斗目标贡献自己的智慧。

依托国家社会科学基金青年项目"基于经济空间结构的河流污染跨区域协同治理研究"（项目批准号：14CGL032）的资助，研究团队历时三年多时间将河流污染协同治理问题置于地区间经济空间结构这一背景下，力求从理论和实践两个层面探索出一条能够实现"共治"的跨地区河流污染协同治理新机制。希望本书能够为相关部门制定经济与环境协调发展和上游与下游合作共赢的协同政策提供决策依据。更希望本书能够成为相关领域研究的一块"铺路石"，通过"抛石引玉"激起更大的"浪花"。

感谢我的博士后研究合作导师，天津财经大学法律经济分析和政策评价中心主任于立教授。正是经过于立教授担任班导师的天津财经大学"优青班"多年来严格的学术训练以及团队不分寒暑上百次小范围 Seminar 的思想碰撞，才耳濡目染涓滴而成本书的基本思路和框架。能够有机会经常近距离接触我国产业经济学领域这样一位"大家"，应该是本人学术研究生涯的一件幸事。

感谢我的博士生导师，天津财经大学温孝卿教授。虽已毕业多年，但温孝卿老师严谨的治学态度，通过他的言传和身教至今感染和影响着我。本书部分灵感和思路源于曾经获得天津市"优博"奖的我的博士毕业论文《京冀地区水资源补偿问题研究》。从这个意义上讲，本书的开展和成果出版更应该归功于我的博士生导师温孝卿教授。

此外，还要感谢天津财经大学的彭正银教授、韦琳教授、武彦民教授、马亚明教授、刘乐平教授以及天津工业大学的赵宏教授，南开大学的杜传忠教授，东北财经大学的于左教授，对于研究过程中给予的指导和帮助。还要感谢项目团队成员刘玉斌、秦娟娟、郭树龙、周彩云、周永军老师，正是这样一支平均年龄不足 40 岁富有朝气的研究团队，一起克服了研究道路上的一个个困难。天津财经大学 2016 级产业经济学硕士研究生李阳、李响、宋佳等同学参与了数据收集整理，并对全文进行了校对。

最后，感谢水利部海河水利委员会相关部门为我们调研走访、数据采集等工作提供的帮助。感谢全国哲学社会科学规划办公室及相关部门在项目立项、研究和结项过程中提供的支持。感谢经济管理出版社对于本书出版的辛勤付出和勤勉工作。

限于本人水平有限，书中难免存不当之处，恳请读者给予批评斧正！

徐志伟

2018 年春